ÉLISÉE RECLUS

LES PHÉNOMÈNES TERRESTRES

LES CONTINENTS

QUATRIÈME ÉDITION

PARIS
LIBRAIRIE HACHETTE ET Cie
79, BOULEVARD SAINT-GERMAIN, 79

1882

LES

PHÉNOMÈNES TERRESTRES

LES CONTINENTS

COULOMMIERS. — IMPRIMERIE PAUL BRODARD.

PRÉFACE

Ce livre est l'abrégé d'un ouvrage beaucoup plus détaillé et plus orné de cartes et de figures, intitulé *la Terre :* les seuls changements que j'ai faits sont des rectifications de peu d'importance. Dans mon premier travail, j'avais apporté toute la sincérité que l'homme studieux doit à la science, tout l'amour que l'artiste doit à son œuvre, mais il me restait comme une sorte de remords, celui de ne m'être adressé qu'aux riches; je souffrais, moi qui demande l'accès de tous à l'étude, de n'avoir encore pu mettre un livre, que je crois utile, à la portée de ceux qui n'ont pas le privilége de l'aisance. C'était donc un devoir de préparer cette édition populaire, dans laquelle j'ai reproduit toutes les parties essentielles du grand ouvrage. Le résumé, aussi bien que l'original, laissera, je l'espère, dans le souvenir du lecteur une idée précise de ces incessantes transformations que présente la surface de la Terre, et lui rendra plus facile l'observation directe de la nature vivante. Tout change, tout passe vite : comme l'eau qui s'écoule et le sable qui s'envole, ce que j'écris aura bientôt disparu ; mais du moins je pourrai me dire heureux si par mes efforts d'un jour j'ai pu développer l'étude des « phénomènes terrestres » et contribuer ainsi à l'éclosion de livres meilleurs, qui rendront inutile celui que je viens de terminer.

ELISÉE RECLUS.

LES PHÉNOMÈNES TERRESTRES

LES CONTINENTS

CHAPITRE I

LA FORME DE LA PLANÈTE

I

Petitesse de la terre. — Ses dimensions. — Ses mouvements.

La terre que nous habitons est un des astres les plus infimes. Simple satellite du soleil, dont le volume est 1,255,000 fois plus grand, elle n'est qu'un point, relativement aux énormes étendues que parcourent les planètes en gravitant vers leur globe central; le soleil lui-même est comme une étincelle perdue parmi les étoiles de la voie lactée; enfin celle-ci, immense agglomération de soleils et de planètes, n'est en réalité qu'une nébuleuse, c'est-à-dire une nuée d'astres, pareille à un brouillard qui s'évanouirait dans l'espace infini. Mais si la terre comme le soleil, n'est qu'une poussière aux yeux de l'astronome, elle n'offre pas moins à ceux qui l'étudient une infinie variété de phénomènes; il n'est pas une science spéciale ayant pour objet une partie de la superficie terrestre, ou bien une série de ses produits, qui n'offre aux savants une mine à jamais inépuisable.

Notre planète est un sphéroïde, c'est-à-dire une sphère aplatie aux deux pôles et renflée à l'équateur. La dépression présumée de chaque pôle est à peu près d'un trois-centième du rayon terrestre, soit de 21 kilomètres; mais il n'est pas certain que les calottes polaires soient également aplaties. En outre, la courbure n'est probablement pas tout à fait la même pour toutes les parties de la terre situées à égale distance des pôles; les méridiens paraissent être sans exception des ellipses irrégulières. Toutefois ces inégalités, qui sans doute sont changeantes et correspondent aux déplacements du centre de gravité de la planète, ne se révèlent qu'à l'astronome. Pour l'homme, les rugosités et les dépressions que forment les plateaux, les montagnes et les vallées sont des faits beaucoup plus importants que les inégalités de courbure dans la rondeur du globe. On peut donc considérer les diverses lignes qui font le tour de la terre en passant par les deux extrémités polaires comme ayant une longueur uniforme d'environ 40 millions de mètres ou 40,000 kilomètres. La superficie du globe, calculée par Wolfers, serait de 509,990,553 kilomètres carrés, et la masse planétaire dépasserait 1 trillion 83 billions de kilomètres cubes.

Le mouvement de la terre dont les effets immédiats sont le plus sensibles aux regards de l'homme est la rotation diurne qui s'accomplit autour de l'axe idéal passant par les deux pôles. Le globe tourne d'occident en orient, c'est-à-dire en sens inverse du mouvement apparent du soleil et des étoiles. Nulle aux pôles, la rotation est d'autant plus rapide pour une partie quelconque de la surface du globe, que cette partie est plus éloignée du centre. A l'équateur, cette vitesse est environ de 28 kilomètres par minute, soit exactement de 464 mètres par seconde. Grâce au mouvement de rotation, la terre présente alternativement au soleil l'une et l'autre de ses faces, pour les retourner ensuite vers les espaces relativement obscurs : c'est ainsi que s'établit la succession des jours et des nuits.

La révolution annuelle que la terre décrit autour du soleil s'accomplit suivant une ellipse dont un des foyers est occupé par l'astre central, et dont l'excentricité est presque égale aux 17 millièmes du grand axe. La distance qui sépare le soleil de sa planète varie donc constamment suivant les points de l'orbite que parcourt la terre. A son aphélie, c'est-à-dire lors de son plus grand éloignement, cette distance est d'environ 150 millions de kilomètres; à l'époque du périhélie, alors que les deux astres sont le plus rapprochés, elle est approximativement de 145 millions de kilomètres ; la distance moyenne est évaluée par les astronomes à 147,800,000 kilomètres : c'est un espace que les rayons solaires parcourent en 8 minutes 16 secondes. Quant à la vitesse de l'énorme projectile, elle peut être évaluée à près de 30 kilomètres par seconde, soit à 60 fois la marche d'un boulet.

De même que la rotation quotidienne de la terre autour de son axe produit la succession des jours et des nuits, de même sa révolution annuelle autour du soleil cause l'alternance des saisons. Si l'axe de la terre était perpendiculaire au plan de l'orbite annuelle, il est évident que la partie du globe éclairée par le soleil s'étendrait invariablement d'un pôle à l'autre et que les jours et les nuits seraient exactement composés de douze heures dans les deux hémisphères. Mais il n'en est pas ainsi. La terre est penchée en opérant son mouvement de translation; elle incline sa ligne des pôles d'environ 23 degrés 1/2 sur le plan de son orbite et maintient cet axe idéal dans une position que l'on peut considérer comme invariable relativement aux rapides péripéties des jours et des saisons. Cette obliquité de l'axe a pour résultat des changements continuels d'aspect. La partie de la terre éclairée par les rayons de l'astre central varie journellement, car si l'axe de la planète maintient son extrémité fixée vers un même point de l'espace infini, il offre, par suite de la translation du globe, un degré d'inclinaison toujours changeant relativement au soleil. Deux fois pendant le cours de l'année il est disposé de telle sorte que les rayons solaires tombent perpendiculairement sur l'équateur du globe : à toutes les autres périodes de la révolution annuelle, c'est tantôt l'hémisphère septentrional, tantôt l'hémisphère méridional qui reçoit la plus grande somme de lumière. Du 20 mars au 23 septembre, c'est-à-dire pendant le printemps et l'été de l'hémisphère boréal, la terre met 186 jours à décrire la première et plus grande moitié de son orbite, tandis que pendant la période hivernale, du 22 septembre au 20 mars, il lui faut 179 jours seulement pour accomplir la seconde moitié de sa route (fig. 1).

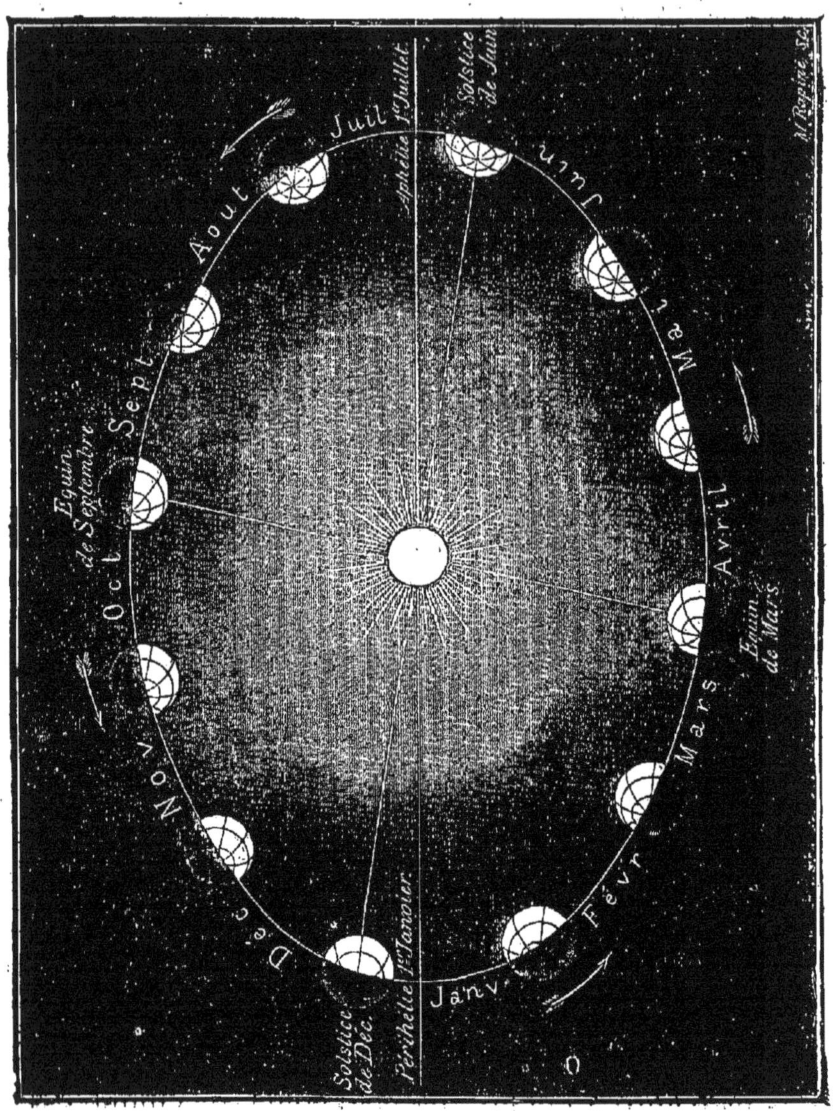

Fig. 1. — Orbite de la terre autour du soleil.

La période estivale de l'hémisphère du nord dépasse actuellement de 7 à 8 jours ou de 187 heures environ la période correspondante de l'hémisphère méridional; en outre, par suite du plus long espace de temps pendant lequel le pôle arctique reste incliné vers le soleil, le nombre des heures de jour dépasse dans les régions boréales le nombre des heures de nuit, tandis qu'au sud de l'équateur ce sont les heures de nuit qui prédominent. Dans un espace de 10,500 années, le contraire aura lieu par suite d'un lent mouvement qui fait pivoter la terre sur elle-même. Toutefois, la planète ne se trouve jamais dans une position identique à celle qu'elle a occupée un jour. L'attraction de la lune, les perturbations causées par le voisinage des planètes modifient sans cesse la courbe décrite par l'axe terrestre sur l'espace étoilé et la compliquent d'une foule de spirales dont les diverses périodes ne coïncident pas avec la grande période du balancement de l'axe. Les ondulations successives forment un système continu de spirales entrelacées [1].

II

Métaux oxydés de la surface. — Assises géologiques. — Théorie du feu central. — Objections.

Considérée dans son ensemble, la partie extérieure de la planète est composée de métaux oxydés, silicium, aluminium, calcium, sodium, potassium, fer, et d'autres encore, dont le poids spécifique est en moyenne de deux à trois fois supérieur à celui

[1] Nous renvoyons à l'ouvrage de M. Amédée Guillemin, *le Ciel*, pour l'étude astronomique de la planète.

de l'eau. La plupart de ces métaux oxydés de la surface sont disposés en couches de sédiment que l'on peut reconnaître d'une manière certaine comme ayant été déposées par les eaux sur le lit de quelque antique océan. Au-dessous des strates superficielles d'origine moderne on en trouve d'autres appartenant à une époque plus reculée, puis d'autres encore de formation précédente, et l'on descend ainsi d'assise en assise jusqu'au squelette nu de la terre, ou bien jusqu'à ces roches que la pression des masses supérieures et la chaleur planétaire ont graduellement transformées pendant la durée des âges, de manière à rendre la stratification indécise. Ces couches superposées que l'on a souvent comparées aux feuillets d'un livre fournissent la date de leur ancienneté par l'ordre même de leur succession : sans que l'on puisse dire encore combien de centaines ou de milliers de siècles se sont écoulés pendant la formation de chaque lit de sédiment, on peut du moins en connaître l'âge relatif. Tous peuvent être rangés d'une manière générale dans l'une de ces cinq grandes séries : conglomérats, grès, sables, argiles et calcaires.

Mais au-dessous de ces roches explorées, dans quel état se trouve la masse de la planète? On ne le sait point, car on n'a point encore fouillé bien profondément les couches de la surface. Les excavations qui ont été poussées le plus loin, mines, forages ou puits artésiens, ont à peine atteint un kilomètre, c'est-à-dire la six ou sept millième partie du rayon terrestre. On a observé le fait important, que dans ces cavités la température ne cesse de s'accroître avec la profondeur. En descendant au fond d'un puits de mine, on traverse invariablement des couches de plus en plus chaudes : seulement le taux de la progression varie avec la circulation de l'air et des eaux dans les puits de mine et suivant les diverses roches dans lesquelles sont creusées les galeries. La moyenne de l'intervalle qui, dans ce grand thermomètre des assises terrestres, correspond à un degré de chaleur, est de 25 à 30 mètres.

Si la chaleur augmentait dans la même proportion au-dessous des couches explorées de la surface terrestre, c'est de 35 à 40, ou tout au plus à 50 kilomètres de profondeur que la température serait assez forte pour fondre le granit. Comparée au diamètre de la terre, qui est 250 fois plus considérable, cette enveloppe ne serait donc qu'une pellicule ténue, dont une simple feuille de mince carton entourant une sphère liquide d'un mètre de largeur peut donner une juste idée. Dans la terre, ce liquide serait une mer de laves et de roches fondues dont les montagnes de porphyre seraient les rides figées et dont les grands volcans placés au bord des mers, le Vésuve, l'Etna, le Chimborazo, lanceraient encore quelques flots, mélangés de pierres et de cendres.

Toutefois il serait imprudent de vouloir juger de l'état de tout l'intérieur du globe par la température des couches superficielles, et d'affirmer que la chaleur s'accroît suivant une proportion constante, de sorte qu'au centre de la terre elle s'élèverait à la température de 200,000 degrés, c'est-à-dire bien au delà de tout ce que peut concevoir l'imagination de l'homme. Autant vaudrait conclure du refroidissement graduel des hautes couches aériennes que l'abaissement de température se continue jusqu'au milieu des espaces célestes, et qu'à 1,000 kilomètres de la terre le froid est de 5,000 degrés. La partie extérieure du globe, que traversent incessamment des courants magnétiques se dirigeant de pôle à pôle, et dans laquelle s'élaborent tous ces phénomènes de la vie planétaire qui modifient sans relâche le relief et la forme des continents, se trouve dans des conditions toutes particulières. La minceur de l'enveloppe terrestre n'est donc rien moins que prouvée par l'accroissement graduel de la température dans les puits de mine et les sources.

L'aplatissement de la terre aux deux pôles et le renflement équatorial ont été présentés comme des témoignages irrécusables de l'état d'incandescence liquide dans lequel se serait autrefois trouvé ce globe, et se trouverait encore sa masse presque tout entière. Toute sphère liquide tournant autour de son axe doit en effet prendre cette forme, à cause de l'inégale vitesse de sa masse; mais un globe, même solide, se renflerait aussi vers l'équateur en tournoyant sans repos pendant une série indéfinie de siècles, car il n'est pas une matière qui soit absolument inflexible, et sous les fortes pressions de nos laboratoires, si peu comparables par la durée aux pressions des forces planétaires, tous les corps solides, comme le fer et l'acier, s'écoulent à la façon des liquides. L'un des plus sérieux sujets d'étude qu'offre la géographie physique est précisément cette instabilité du sol qui, sur divers points de la surface du globe, se soulève ou s'affaisse avec une prodigieuse lenteur. La cause certaine des gonflements et des dépressions est encore inconnue, mais rien ne porte à croire que cette cause soit la force centrifuge développée par la rotation de la terre.

Nous ignorons encore si le feu central existe ou s'il n'existe pas. L'hypothèse qui semble s'accorder le mieux avec les phénomènes volcaniques, c'est que des lacs intérieurs de matières incandescentes, séparés les uns des autres par des piliers de roches solides, sont épars en diverses parties de la planète, à une faible distance de la surface terrestre.

III

Modifications dans la forme des continents.

Les transformations incessantes de toutes les roches qui composent les couches extérieures du globe n'ont pu s'accomplir sans changer en même temps le relief et les contours des terres. La forme des continents s'est modifiée; les anciennes chaînes de montagnes se sont écroulées pierre à pierre pour se distribuer en sable et en argile sur les plaines et dans les mers; les océans se sont graduellement exhaussés et les anciens fonds se sont changés en terres fermes qui se redressent çà et là en collines et en rangées de pics. De même que la planète, avec ses sœurs et tous les astres de l'espace, est emportée dans un mouvement perpétuel, de même toutes les molécules qui composent la masse du globe se déplacent et tournoient sans repos. A la longue, les roches, les montagnes, les masses continentales cheminent autour de la terre comme les eaux et les vents.

C'est par la disposition des assises terrestres, et

surtout par les débris fossiles accumulés en divers points de la terre, que les géologues peuvent connaître d'une manière approximative quelle était à certaines époques antérieures la forme des continents. Ainsi l'Attique, actuellement simple presqu'île rocheuse de la Grèce, devait certainement, à une époque géologique antérieure, connue sous le nom d'âge miocène, faire partie d'un continent offrant de vastes plaines, de grandes prairies herbeuses, des forêts touffues, et s'étendant au loin pour s'unir à l'Egypte à travers les espaces occupés de nos jours par l'Archipel et la mer de Crète. C'est là que se rencontrent les restes des animaux gigantesques retrouvés par M. Albert Gaudry et d'autres géologues dans les limons de Pikermi. Les bandes d'hipparions, semblables à celles des chevaux sauvages de l'Amérique du Sud, les troupeaux d'antilopes de diverses espèces, les hautes girafes, les mastodontes, les rhinocéros, le puissant dinothérium, le formidable machairodus, plus fort que le lion de l'Atlas, et tant d'autres animaux de grande taille, dont les ossements fossiles sont pétris avec le sol, ne pouvaient vivre sur des montagnes pelées ou parsemées de maigres touffes d'arbustes comme celles de l'Attique de nos jours : il leur fallait un vaste continent, pareil à celui de l'Afrique, où l'on voit encore, dans les parties non habitées par l'homme blanc, de si prodigieuses multitudes d'hippopotames, d'éléphants, d'antilopes, de zèbres et de buffles.

Lorsque le géologue découvre les mêmes espèces fossiles, animales et végétales, dans les couches correspondantes d'îles et de continents séparés actuellement par des bras de mer et soumis à d'autres conditions de climats, il peut en conclure naturellement que les contrées où vivaient ces espèces étaient alors réunies. C'est par de semblables concordances des faunes et des flores qu'on a pu constater l'ancienne existence de terres de jonction entre la France et l'Angleterre, l'Angleterre et l'Irlande, entre l'Irlande et l'Espagne, et même entre l'Europe et l'Amérique. L'existence d'une seule et même vie organique en ces deux continents, dont la faune et la flore respectives sont aujourd'hui si distinctes, permet de conclure qu'au moins pendant une partie de l'époque tertiaire, les terres éparses et les massifs de montagnes peu nombreux qui formaient pour ainsi dire les rudiments de l'Europe se rattachaient aux rivages américains par un isthme séparant les eaux atlantiques de celles de la mer Glaciale. Les traditions dont Platon s'est fait l'interprète au sujet d'une terre qui aurait existé à l'occident de l'Europe se trouvent ainsi justifiées par le témoignage des géologues. D'ailleurs, il est possible que l'homme ait vu cet ancien continent de l'Atlantique s'affaisser sous les mers.

A d'autres époques, les contours des terres différaient encore, ainsi que nous le montrent les fossiles ensevelis dans les couches, et non-seulement les formes continentales étaient différentes, les climats variaient aussi. Sous la même latitude, la température était tantôt plus haute, tantôt plus basse ; les vents étaient plus chauds ou plus froids ; les neiges étaient rares ou s'amassaient dans les vallées des montagnes en immenses glaciers. Dans tous ses phénomènes, aussi bien que dans ses traits extérieurs, la terre n'a cessé de changer pendant le cours des âges, et maintenant encore elle continue de changer sous nos yeux, bien que durant nos courtes existences d'hommes les modifications accomplies soient relativement presque imperceptibles. La distribution actuelle des continents et des mers ne saurait donc être considérée comme définitive : c'est une forme essentiellement transitoire, un dessin dont les lignes qui s'entrelacent oscillent en un réseau changeant.

IV

Distribution des continents et des mers. —Hémisphère océanique. — Hémisphère continental. — Hémicycle des terres autour de l'océan Indien et du Pacifique. — Cercle polaire. — Cercle des lacs et des déserts.

Le fait qui frappe tout d'abord l'observateur à l'examen de la surperficie actuelle du globe est l'inégale étendue de l'Océan et des terres émergées. Bien qu'aux deux régions polaires il se trouve encore de vastes espaces où les proportions relatives du sec et de l'eau soient inconnues, cependant on peut dire d'une manière approximative que les mers couvrent les trois quarts de la rondeur de la planète.

C'est principalement dans l'hémisphère méridional que se sont accumulées les eaux, tandis que les masses continentales se groupent dans l'hémisphère du nord. Ce premier contraste entre les deux moitiés de la terre paraît bien plus saisissant encore si, au lieu de prendre les deux pôles pour centre des deux hémisphères, on choisit deux points, situés respectivement au milieu des espaces océaniques les plus étendus et vers la partie centrale du groupe des continents. Que l'on décrive un grand cercle sur le globe autour des contrées de l'Europe qui de nos jours sont le principal foyer d'attraction pour le commerce du monde entier, presque toute la surface des

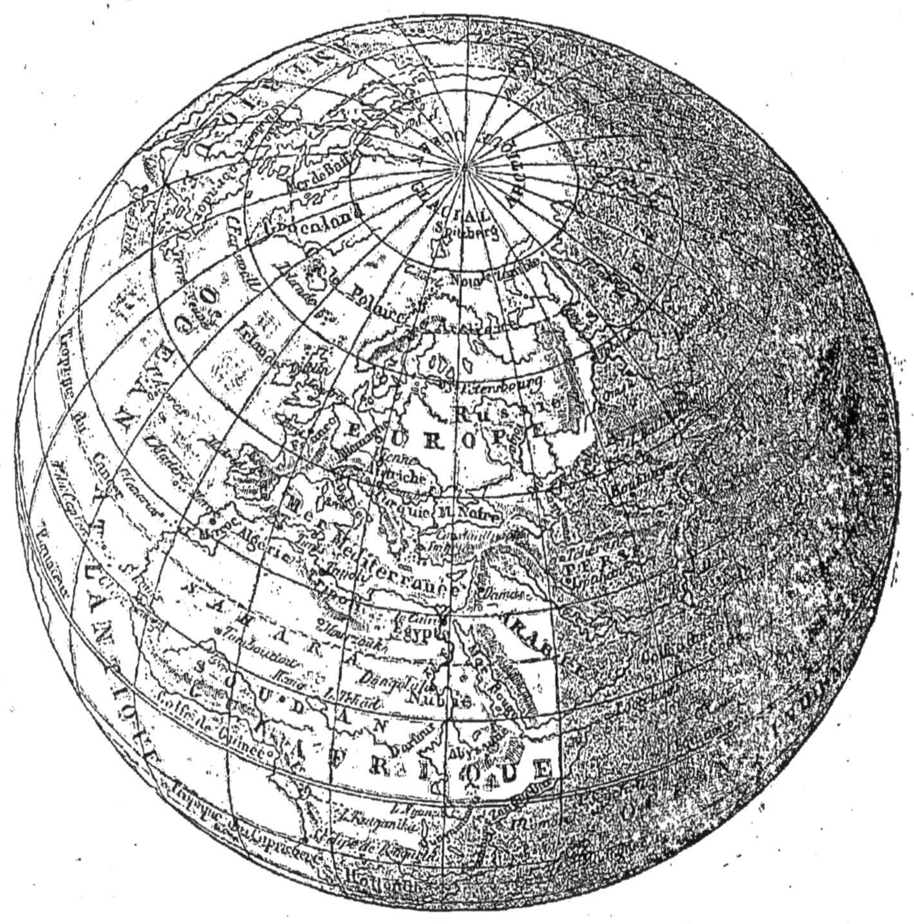

Fig. 2.

continents, enfermant le double bassin de l'Atlantique comme une mer intérieure, tombera dans cet hémisphère (fig. 2) ; l'autre moitié de la surface terrestre, dont le centre est situé vers la Nouvelle-Zélande, aux antipodes de la Grande-Bretagne, n'est guère occupée que par l'immensité des eaux. Les contrées antarctiques, l'Australie, la Patagonie et l'archipel voisin, sont les seules terres qui rompent l'uniformité de cet hémisphère océanique (fig. 3).

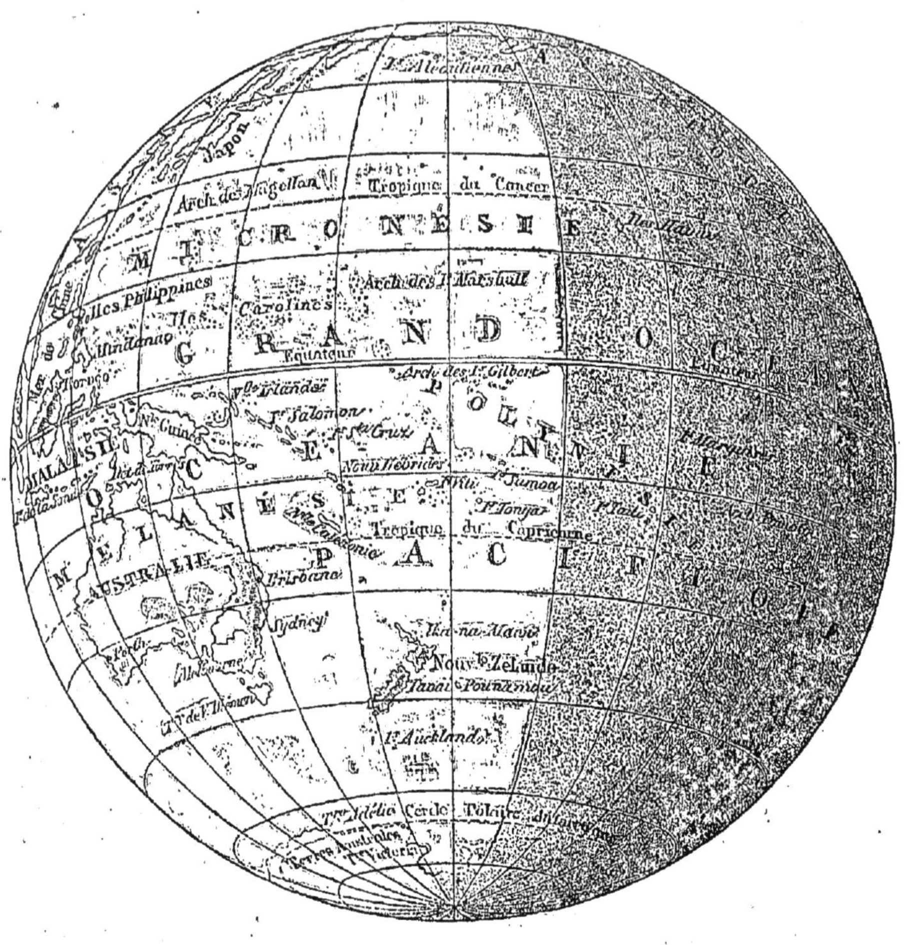

Fig. 3.

Le littoral des continents qui se développent autour du grand Océan forme une sorte d'hémicycle ouvert au sud, du côté des glaces polaires. De la pointe méridionale de l'Afrique au Kamtchatka et des îles Aléoutiennes au cap Horn, les terres sont disposées en un immense amphithéâtre, dont le pourtour, égal à la circonférence du globe, n'est pas moindre de 40,000 kilomètres. Les plus hauts plateaux, les montagnes les plus élevées des continents s'alignent en un vaste demi-cercle autour du Pacifique et font pencher vers cet océan le centre de gravité de toutes les masses continentales.

Ainsi, c'est bien du côté de l'océan Indien, dépendant de la grande mer du Sud, que l'Afrique présente ses arêtes les plus élevées : c'est là que se trouvent les monts neigeux du Kenia et du Kilima'ndjaro et que se dresse le plateau de l'Éthiopie, semblable à une grande forteresse entourée de bastions. A l'orient de l'étroite porte de la mer Rouge s'élève un autre plateau, celui de l'Yémen, dont les pentes les plus rapides se tournent également vers les rivages de l'Océan. Au delà, ce rempart de hautes terres, que l'on pourrait appeler la colonne vertébrale des continents, est interrompu par la dépression du golfe Persique et de l'Euphrate, mais il recommence au nord de la Perse. Le Caucase, l'Elburz, l'Hindu-Kuch, le Karakorum et le puissant Himalaya, dont les cimes se dressent à 9 kilomètres de hauteur, sont en moyenne de trois à quatre fois plus rapprochés de la mer de Indes que de l'océan Arctique ; cette différence d'ailleurs serait encore bien accrue si l'on ne tenait compte des péninsules du Gange qui s'avancent au loin dans la mer comme les membres du grand corps asiatique. Considérée dans son ensemble, la masse du continent peut être ainsi divisée en deux versants dont l'un descend rapidement vers les plaines riveraines de l'océan Indien, tandis que la contre-pente, hérissée de chaînes divergentes, s'incline de degrés en degrés vers les immenses espaces marécageux qui bordent les mers glaciales.

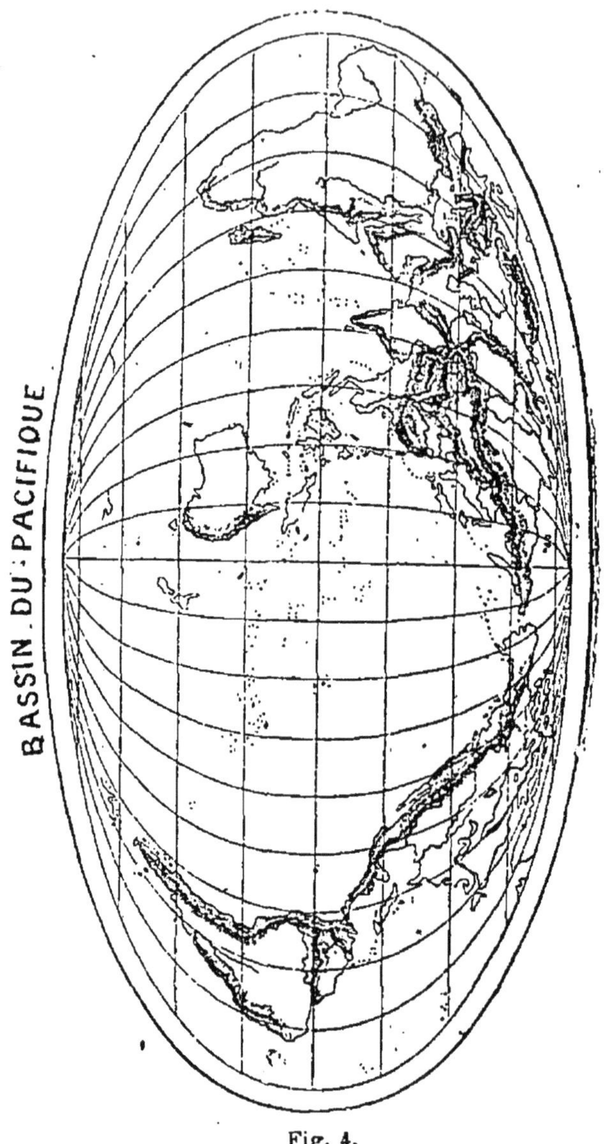

Fig. 4.

Les grands plateaux de l'Asie centrale, limités au nord et au sud par ces chaînes de montagnes qui rayonnent en éventail du nœud de l'Hindu-Kuch, forment dans la direction du nord-est la partie culminante de l'amphithéâtre continental, puis, au nord de la vallée de l'Amour, ils se continuent à une faible distance du littoral par des rangées de pics dominant les mers d'Ochotzk et de Behring. Au delà, les eaux du Pacifique vont rejoindre celles de l'océan Glacial; mais, toute brisée qu'elle est, la ligne des montagnes ne s'en prolonge pas moins. Disposées en isthme au sud du détroit, les îles Aléoutiennes réunissent les deux masses continentales de l'Asie et de l'Amérique du Nord : on dirait le rivage d'une ancienne terre submergée.

La haute péninsule d'Alaska, qui fait suite à la rangée des Aléoutiennes, est le point initial d'une série de hautes terres longeant les bords du Pacifique à travers les deux continents américains. Des chaînes parallèles, appuyées en certains endroits sur de grands massifs, se recourbent autour des rivages de Sitka, de la Colombie britannique et de la Californie, puis se fondent insensiblement dans le plateau de l'Anahuac. Celui-ci se continue au sud-est par une cordillère volcanique, çà et là interrompue ; mais sur les rives orientales du golfe de Darien, la grande chaîne recommence et, plongeant les rochers de sa base dans les flots du Pacifique, développe sa double ou triple arête neigeuse jusqu'au détroit de Magellan (fig. 4).

De même que les côtes de la grande mer du Sud, les rivages des continents et des îles, tournés vers l'océan Glacial du Nord, se développent suivant une courbe circulaire. Autant qu'il est possible d'en juger d'après l'état actuel de nos connaissances sur cette partie de la terre, il semble qu'un cercle dont le centre se trouverait de 5 degrés environ au sud du pôle, dans la direction du détroit de Behring, aurait pour circonférence presque régulière les côtes septentrionales de la Sibérie, de l'archipel de Parry, du Groenland, du Spitzberg et de la Nouvelle-Zemble.

Un autre cercle, incliné de 10 degrés sur le pôle dans la direction du méridien de Paris, passe à travers la plupart des mers intérieures de l'ancien et du nouveau monde. Cette courbe pénètre dans la Méditerranée par le détroit de Gibraltar, parcourt cette mer ainsi que le Pont-Euxin, unit la Caspienne et le lac d'Aral, qui, dans une époque géologique récente, ne formaient qu'une seule nappe d'eau, puis se prolonge vers le Pacifique par la chaîne des principaux lacs sibériens, y compris le Baïkal. Sur le continent américain, la courbe traverse le lac de Winnipeg, la mer intérieure que constituent les grands lacs du Saint-Laurent, puis le Champlain et la baie de Fundy.

V

Division des terres en ancien et en nouveau monde. — Double continent américain. — Double continent d'Europe et d'Afrique. — Double continent d'Asie et d'Australie. — Bassins fermés de chaque massif continental. — Péninsules méridionales.

Au premier abord, il semble que les parties émergées du sol constituent seulement deux massifs, ceux de l'ancien et du nouveau monde, et ces massifs eux-mêmes ne paraissent guère offrir de ressemblances dans leurs formes extérieures. Cependant un examen attentif révèle une frappante analogie là où le premier regard ne faisait supposer que désordre et chaos.

Pour l'étude comparative de la configuration des continents, il faut choisir l'Amérique comme type. Cette partie du monde se compose de deux triangles dirigeant vers le sud leur sommet le plus aigu et se reliant l'un à l'autre par un isthme très-étroit. Les deux moitiés de l'Amérique, dont l'une appartient en entier à l'hémisphère septentrional, tandis que l'autre est tropico-méridionale, forment deux continents parfaitement distincts, et cependant elles offrent une si grande analogie de structure, qu'elles constituent évidemment un seul couple. Toutefois, l'Amérique du Nord est plus grande que sa compagne du sud dans la proportion d'un septième environ, et ses contours sont beaucoup plus accidentés.

Dans l'ancien monde, l'Afrique se conforme d'une manière évidente au même modèle que l'Amérique du Sud. Dans leur structure générale, les deux continents se ressemblent par leur grande masse triangulaire aux rivages faiblement infléchis, et l'analogie se retrouve même jusque dans les détails des golfes et des promontoires. Les contrastes sont, il est vrai, très-nombreux ; mais ils se produisent avec régularité et une sorte de rhythme, pour ainsi dire.

Quant à l'Europe, on serait tenté d'abord de ne point y voir une partie du monde correspondant à l'Amérique septentrionale. En effet, cet ensemble de péninsules, qui, de nos jours encore, est la région la plus importante de toute la terre à cause de la civilisation de ses peuples, pourrait sembler n'être qu'un appendice géographique, un simple prolongement de l'Asie ; on hésite presque à la comparer à l'Amérique du Nord, dont la masse occupe une superficie deux fois plus considérable. Cependant l'étude géologique du relief de l'Europe prouve qu'elle forme bien en réalité un continent distinct. A une époque antérieure elle était séparée de l'Asie par une nappe d'eau qui s'étalait de la Méditerranée au golfe d'Obi par la mer Noire, la Caspienne et la mer d'Aral. Au pied des montagnes de l'Oural et de l'Altaï s'étendent ces steppes immenses qui gardent encore, comme la plupart des déserts, leur physionomie maritime d'autrefois, et qui limitent à l'orient le continent d'Europe d'une manière plus efficace que ne pourrait le faire un autre Atlantique. Le bras de mer qui séparait les deux parties du monde s'est presque complétement desséché ; mais, quoique réunies, les deux terres, jadis distinctes, n'en gardent pas moins leur caractère nettement tranché.

Ainsi, la géologie s'élève en témoignage pour constater la forme continentale de l'Europe et son analogie avec l'Amérique du Nord. Du côté du sud, aussi bien qu'à l'est, la ressemblance se continue entre les deux parties du monde. Il est certain que du côté méridional les terres d'Europe ne se rattachent plus à l'Afrique par un isthme semblable à celui qui relie les deux Amériques ; mais, ainsi que le savait déjà Strabon, il suffirait d'un soulèvement peu considérable pour qu'il se formât une langue de terre de la Sicile à la Tunisie entre les deux mers d'Espagne et de Crète. Un seuil sous-marin partage la Méditerranée en deux profonds bassins, et, grâce à son relief très-prononcé, peut être considéré comme un isthme véritable. Bien plus, la partie septentrionale de l'Afrique, c'est-à-dire les régions de l'Atlas comprises entre l'ancienne mer du Sahara et les côtes actuelles du Maroc, de l'Algérie et de Tunis, est certainement une antique dépendance de l'Europe. La science moderne a constaté que pour la faune, la flore et la constitution géologique, le littoral entier de la Méditerranée orientale, au nord comme au sud, forme un inséparable tout. Il fut un temps où les promontoires de Ceuta et de Gibraltar faisaient encore partie de la même chaîne de montagnes, et les anciens ne l'ignoraient pas, puisqu'ils attribuaient à Hercule l'honneur d'avoir ouvert une porte entre les deux mers.

Les contours extérieurs de l'Europe rappellent d'une manière frappante ceux de l'Amérique septentrionale. Dans les deux continents, les rivages qui bordent l'Atlantique sont profondément découpés, et, laissant pénétrer la mer à de grandes distances dans l'intérieur des terres, projettent des péninsules au loin dans l'Océan. En Europe, la Méditerranée et la mer Baltique correspondent au golfe du Mexique et à toutes ces mers qui s'étendent entre le Groenland et la Nouvelle-Bretagne; mais il est à remarquer que l'Europe, dont l'organisation est plus délicate et plus fine que celle de toutes les autres parties du monde, a les péninsules les plus dégagées de formes et les mers intérieures les plus environnées de terres : ses presqu'îles sont devenues des îles, ses mers sont en même temps des lacs. Néanmoins l'Europe correspond bien à l'Amérique du Nord, et forme avec l'Afrique un deuxième couple continental parallèle à celui du nouveau monde.

L'Asie et l'Australie constituent le troisième couple, bien que leur forme ne reproduise le type primitif que d'une manière assez imparfaite. Une rupture d'équilibre s'est accomplie au profit de la partie septentrionale, mais on retrouve pourtant dans l'ensemble de la configuration de ces grandes masses les traits principaux qui distinguent les autres doubles continents. Comme l'Amérique du Nord et l'Europe, l'Asie est géologiquement isolée; comme ces deux parties du monde, elle projette de nombreuses presqu'îles dans les mers environnantes, et si elle n'est pas reliée directement à l'Australie par un isthme continu, du moins les îles de la Sonde, « semblables aux piles d'un pont écroulé, » sont-elles jetées à travers les mers de l'un à l'autre continent. Quant à l'Australie, elle rappelle évidemment par sa forme régulière et presque géométrique, ainsi que par son manque absolu de péninsules, les deux autres parties du monde qui pénètrent dans les océans méridionaux.

Un grand trait de ressemblance entre les divers massifs continentaux est que chacun d'eux renferme, à une distance considérable des rivages océaniques, un ou plusieurs bassins fermés où s'étalent les eaux qui ne peuvent s'épancher sur les versants extérieurs. Ces concavités, ayant leur système particulier de lacs et de rivières, sont autant de mondes à part. Le continent asiatique, le plus grand de tous et celui dont le centre de figure est le plus éloigné de la mer, est aussi celui dont les bassins fermés offrent la plus grande étendue. Ils comprennent presque toute la superficie des hauts plateaux de la Tartarie et de la Mongolie, c'est-à-dire les bassins du Lob-Nor, du Tengri-Nor, du Koko-Nor, de l'Oubsa-Nor; puis, à l'ouest des grandes chaînes de l'Asie centrale, ils embrassent le plateau de l'Iran, le bassin du Balkach, ceux de la mer d'Aral, des lacs de Van et d'Ourmiah. Par la dépression de la Caspienne, la série des bassins fermés de l'Asie se relie à celui de l'Europe, qui s'étend jusqu'au centre même de la Russie, aux sources de la Kama et du Volga. Ensemble, toute cette région, dont les eaux, des collines du Valdaï russe aux plateaux de la Mongolie, ne trouvent pas d'écoulement vers la mer, comprend un espace au moins aussi vaste que l'Europe. Les deux continents d'Amérique ont aussi leurs systèmes isolés de lacs et de rivières occupant une position correspondante, l'un dans le « Grand Bassin, » entre les montagnes Rocheuses et la Sierra-Nevada de Californie, l'autre sur le plateau de Titicaca, entre la chaîne des Andes et les Cordillères proprement dites. Quant à l'Afrique, elle a plusieurs bassins fermés dont le principal est celui du lac Tchad, situé au centre du continent. Enfin l'Australie elle-même, en dépit de sa faible étendue relative, a ses lacs Torrens, Gairdner et autres, qui ne communiquent pas avec la mer.

Ainsi que l'avait déjà remarqué Bacon, les trois groupes de continents offrent aussi les uns avec les autres une singulière ressemblance par la forme péninsulaire de leurs pointes terminales tournées vers l'océan Antarctique. Ces trois presqu'îles méridionales du monde ne s'avancent pas également loin dans la mer, mais leurs distances respectives sont sensiblement égales sur la périphérie terrestre, car les espaces maritimes compris entre le cap de Bonne-Espérance et le cap Horn, le cap Horn et la Tasmanie, celle-ci et le sud de l'Afrique, sont à peu près dans le même rapport que les nombres 7, 8 et 9.

Chacun de ces promontoires avancés de la terre semble avoir été en partie démoli par les flots. Ainsi l'Amérique du Sud présente à son extrémité l'image d'une immense ruine : le tortueux détroit de Magellan la sépare de la Terre de Feu, qui est elle-même partagée en plusieurs îles par un dédale de canaux et que garde au sud, comme un lion couché, le formidable îlot du cap Horn. A la pointe méridionale de l'Afrique s'avance un autre cap des Tempêtes, celui auquel l'espoir de découvrir les Indes fit donner le nom de cap de Bonne-Espérance : à l'est de ce promontoire, qui tient au continent par des plateaux et des montagnes, pénètre au loin dans la mer le grand banc des Aiguilles, sur lequel vient se rompre la force des courants et qui est sans doute le débris d'une terre disparue. Enfin le continent australien a pour prolongement méridional le rivage escarpé de la Tasmanie, qui, par sa position géographique, appartient évidemment à l'Australie. Ce qui complète encore la ressemblance entre les pointes terminales des trois continents de l'hémisphère antarctique, c'est que chacune des mers qui s'étendent à l'orient de ces terres baigne une île ou un archipel considérable. A l'est de l'Australie, c'est la Nouvelle-Zélande ; à l'est du continent colombien, l'archipel de Falkland ; à l'est de l'Afrique, la grande île de Madagascar.

Presque toutes les grandes péninsules de la terre, le Groenland, le Kamtchatka, la Corée, la Floride, la Californie mexicaine, et jusqu'aux presqu'îles que révèlerait une soudaine dénivellation des mers, s'allongent dans la direction du sud comme les trois continents méridionaux. Ainsi que l'a fait remarquer le célèbre Ritter, c'est dans l'ancien monde surtout que les articulations péninsulaires se sont formées avec régularité et, pour ainsi dire, avec rhythme et mesure : de continent à continent, elles offrent les analogies les plus frappantes. L'Arabie, par la fière et simple beauté de ses contours, rappelle la forme élégante et majestueuse de l'Espagne ; l'Hindoustan, par la molle ondulation de ses rivages et la rondeur de ses baies, correspond à l'Italie ; l'Inde transgangétique, par ses indentations nombreuses et l'énorme développement de ses rivages, fait penser à cette Grèce si belle, dont on compare justement la forme à celle d'une feuille de mûrier. Quelle que soit la raison géologique de ce phénomène, les péninsules de l'Europe et de l'Asie deviennent de plus en plus articulées, de plus en plus vivantes, pour ainsi dire, dans la direction de l'occident à l'orient. Les presqu'îles méditerranéennes surtout présentent ce phénomène remarquable d'une variété de contours d'autant plus grande que le pays est plus rapproché du soleil levant. Les baies nombreuses qui échancrent les côtes de l'Espagne, le long de la Méditerranée, se développent en arcs de cercle réguliers équivalant en moyenne au quart de la circonférence ; les golfes de l'Italie, ceux de Gênes, de Naples, de Salerne, de Manfredonia, s'étalent en demi-cercles complets sur le pourtour de la péninsule, tandis que la plupart des golfes de la Grèce découpent très-profondément le rivage, ou forment des méditerranées en miniature, comme la mer de Lépante. Il faut remarquer aussi que l'Espagne et l'Arabie, ces deux péninsules analogues, n'offrent à l'est de leurs côtes, aux contours sobres et sévères, que des îles de peu d'importance. L'Italie et l'Inde, dont les formes sont plus riches, ont aussi chacune leur grande île, et de leurs pointes méridionales elles effleurent, l'une la Sicile, l'autre Ceylan. Quant à la Grèce et à la presqu'île transgangétique, les mers qui les baignent à l'orient sont parsemées d'îles et d'îlots sans nombre, semblables à une couvée d'oiseaux s'ébattant sous l'aile de leur mère.

VI

Contrastes et différences des continents.

Le contraste le plus frappant est celui de la forme des rivages continentaux. L'Amérique septentrionale, l'Europe et l'Asie ont, comparativement à leur masse, une longueur de côtes très-considérable. Des golfes profonds, des mers intérieures les pénètrent jusqu'à de grandes distances, et leur pourtour se hérisse de péninsules dentelées : on peut dire que par leur organisation ces masses continentales rappellent des corps articulés et pourvus de membres. L'Amérique du Sud, l'Afrique et l'Australie semblent avoir, par contre, une conformation rudimentaire; leur pourtour est d'une régularité et d'une simplicité presque géométrique; leurs golfes ne sont que des échancrures peu profondes dans la ligne à peine mouvementée des rivages, et les promontoires qui ont pris une forme péninsulaire manquent à peu près complétement.

Différents par leurs rivages et leur forme extérieure, les continents le sont aussi par leur superficie. Tandis que les deux moitiés de l'Amérique sont d'une étendue presque égale, les quatre parties de l'ancien monde diffèrent beaucoup en surface les unes des autres. A elle seule, l'Asie comprend un espace de terres plus grand que celui des deux Amériques réunies. De son côté, l'Europe, projetée dans l'Océan comme une simple péninsule de l'Asie, est de quatre à cinq fois plus petite que l'énorme masse à laquelle elle se rattache. Au sud, l'Afrique dépasse trois fois l'Europe en surface, tandis que l'Australie, comparée à sa voisine du nord, dont l'étendue est six fois plus considérable, ne mérite guère que le nom de grande île. Il faut remarquer toutefois que, par un curieux phénomène de pondération, les deux moitiés de chaque couple continental sont disposées de manière à s'équilibrer sur la rondeur terrestre. Dans le couple de l'occident, l'Afrique, qui est la partie prépondérante par sa masse, se trouve au sud, tandis que la petite Europe s'étend au nord. Dans le couple oriental, c'est le phénomène inverse : au nord est le grand continent d'Asie, au sud les terres de la Nouvelle-Hollande correspondant à l'Europe.

SURFACE DES CONTINENTS [1].

Premier couple : 38,600,000 kil. carrés.

Amérique du Nord............	20,600,000 kil. carrés.
Amérique du Sud............	18,000,000

Deuxième couple : 39,025,000 kil. carrés.

Europe......................	9,900,000
Afrique.....................	29,125,000

[1] Tous les nombres que nous donnons dans ces tableaux n'ont qu'une valeur approximative.

Troisième couple : 51,140,000 kil. carrés.

Asie	43,440,000
Australie	7,700,000

On peut aussi comparer les continents en indiquant les distances de leur centre de figure au rivage océanique le plus rapproché.

RAYONS DES CONTINENTS.

Premier couple.

Amérique du Nord	1,750 kil.
Amérique du Sud	1,500

Deuxième couple.

Europe	770 kil.
Afrique	1,800

Troisième couple.

Asie	2,400
Australie	990

Le tableau suivant donne en kilomètres pour chaque continent la longueur absolue et relative du développement des côtes :

LITTORAL MARITIME.

Premier couple : 74,000 kil.

Amérique du Nord.	48,230 kil.,	soit	1 kil.	pour	407 kil. car.
Amérique du Sud..	25,770	—	—	—	689

Deuxième couple : 52,121 kil.

Europe	31,906 kil.,	soit	1 kil.	pour	289 kil. car.
Afrique	20,215	—	—	—	1,420

Troisième couple : 72,153 kil.

Asie	57,753 kil.,	soit	1 kil.	pour	763 kil. car.
Australie	14,400	—	—	—	534

En tenant compte des principales îles, la Grande-

Bretagne, l'Irlande, la Sardaigne, la Sicile et quelques autres, on évalue le développement total des côtes d'Europe à 43,000 kilomètres, soit à 1 kilomètre pour 229 kilomètres carrés de surface.

Quant à l'altitude moyenne des continents, il est impossible de l'évaluer, même approximativement, pour l'Afrique et l'Australie, qui sont encore en grande partie inexplorées. Pour les autres continents, Humboldt a donné les chiffres suivants, qu'une connaissance de plus en plus complète de la terre permettra de rectifier :

Amérique du Nord	228 mèt
Amérique du Sud	351
Europe	205
Asie	355

En conséquence de la disposition annulaire des continents autour du grand Océan, les côtes occidentales de l'Europe et de l'Afrique correspondent aux côtes orientales du nouveau monde. Au nord, la Scandinavie fait contre-poids au Groenland. Plus au sud, les deux rives qui se regardent à travers l'Atlantique septentrional se ressemblent d'une manière frappante par leurs découpures nombreuses, leurs golfes profonds, leurs péninsules et leurs îles. Entre l'Afrique et l'Amérique méridionale, même symétrie. Les plus hauts plateaux et les montagnes les plus élevées de l'Afrique se dressent dans les régions orientales de ce continent, de même que la chaîne des Andes domine les rivages occidentaux de l'Amérique du Sud. Les plus grands fleuves africains tributaires de l'Océan, l'Orange, le Congo, le Niger, le Sénégal, déversent leurs eaux dans le bassin de l'Atlantique, où vont se jeter également ces fleuves immenses du continent colombien, la Plata, le courant des Amazones, l'Orénoque, le rio Magdalena, et qui se trouve ainsi beaucoup plus riche en affluents que le Pacifique. Les déserts sahariens qui s'inclinent vers l'océan Atlantique, répondent aux *llanos* du Venezuela et aux *pampas* de la Plata, tournés vers le même bassin océanique. Les deux isthmes de Suez et de Panama occupent chacun à l'angle de leur continent une position symétrique. Le cap Vert est une pointe correspondant au promontoire brésilien de Saint-Roch, et le golfe de Guinée est représenté, de l'autre côté de l'Océan, par ce vaste demi-cercle de rivages qui se développe au sud du Brésil.

Dans chacun des deux groupes de continents, les versants les plus rapides et les pentes les plus douces sont disposés en sens inverse. En Afrique, en Europe et en Asie, les terres tournent leur déclivité la plus allongée dans le sens de l'ouest et du nord vers l'océan Atlantique et les mers glaciales. Dans le nouveau monde, c'est également du côté de l'Atlantique, c'est-à-dire vers l'est, que s'incline la longue pente du continent.

Un autre contraste, et peut-être le plus important de tous pour l'histoire de l'humanité, est celui qu'offrent l'Amérique et l'ancien monde par leur disposition transversale l'un à l'autre. Tandis que les contrées les plus riches de l'Europe et de l'Asie, du détroit de Gibraltar à l'archipel du Japon, s'étendent de l'ouest à l'est, parallèlement à l'équateur, le nouveau monde s'allonge du nord au sud dans la direction du méridien. Placé en travers du chemin que suivent les vents, les courants et les peuples eux-mêmes venus de l'autre massif des terres émergées, ce double continent reçoit et développe les germes de vie dont l'élaboration a commencé de l'autre côté des mers. Cette disposition transversale de l'Amérique, relativement à l'ancien monde, est, parmi les grands traits du relief planétaire, l'un de ceux qui influent d'une manière décisive sur l'avenir de la race humaine.

Les principaux contrastes des masses continentales proviennent naturellement de toutes les oppositions produites par les différences de longitude et de latitude. Ces contrastes sont ceux du climat, et leur vraie cause se trouve dans la forme de la terre et dans ses mouvements autour du soleil. Ainsi le contraste astronomique entre le nord et le sud partage nettement les parties du monde en deux groupes distincts. Les trois continents du nord appartiennent à la zone tempérée dans presque toute leur étendue et ne projettent que leurs péninsules avancées, d'un côté dans la zone glaciale, de l'autre dans la zone torride. Quant aux trois continents méridionaux, c'est entre les tropiques ou dans la zone tempérée du sud qu'ils offrent leur principal développement. Ils reçoivent la plus grande somme de chaleur annuelle et, par conséquent, deviennent le théâtre des phénomènes les plus remarquables de la vie planétaire : c'est là que s'opèrent les croisements des vents et des pluies entre les deux hémisphères et que se forment les ouragans; c'est là que s'étendent les immenses déserts, que la végétation se montre dans toute sa fougue et que la faune terrestre atteint toute sa force et sa plus grande beauté.

Le contraste entre l'Orient et l'Occident est aussi

de la plus haute importance pour chaque groupe de continents, car tout le cortége de météores qui accompagne le soleil dans sa course apparente autour de la terre ne suit point d'une manière uniforme les latitudes parallèlement à l'équateur. Par suite de l'inégale répartition des terres et des mers, les courants, les vents, les climats eux-mêmes se déplacent, tantôt vers le nord, tantôt vers le sud, et produisent ainsi une opposition des plus nettes entre la partie occidentale d'un continent et la partie orientale du continent qui lui est opposé. Même entre l'Asie et l'Europe, qui sont pourtant réunies sur leur plus grande étendue, le contraste est assez visible pour qu'il ait frappé nos premiers ancêtres et donné lieu aux dénominations usuelles de levant et de ponent, d'orient et d'occident, indiquant non-seulement la situation, mais surtout les différences respectives des climats, des contrées et des peuples.

CHAPITRE II

LES PLAINES, LES PLATEAUX ET LES MONTAGNES.

I

Aspect général des plaines. — Les landes, les steppes, les *toundras*, les savanes, les *llanos*, les *pampas*.

Près de la moitié des régions continentales se compose de terres basses et relativement unies, dont la surface égale ou bien inclinée en pente douce témoigne encore de l'action des eaux de l'Océan ou des mers intérieures qui les couvraient autrefois : ce sont des espaces remplis par les alluvions des fleuves ou d'anciens fonds émergés qui, par l'uniformité de leur aspect, souvent pareil à celui des étendues marines, contrastent avec les hautes terres ou les montagnes environnantes.

D'ailleurs, ces régions basses diffèrent d'aspect dans chaque pays suivant la nature géologique du terrain, la température moyenne, les changements des mois et des saisons, la direction des vents, l'abondance des pluies et toutes les autres conditions physiques du milieu. Telle plaine argileuse est dure et compacte comme le sol d'une aire battue par le fléau ; telle autre, dont les roches sont calcaires, est coupée çà et là de ravins aux parois à pic ; telle autre encore est sablonneuse et, sous l'effort du vent, se hérisse de dunes comme les plages. Quelques-unes, mais celles-là plus rares, sont complétement dépourvues de végétation sur de vastes étendues : ce sont les déserts. D'autres au contraire ont été transformées par la culture en d'admirables jardins et sont devenues les régions du globe les plus populeuses.

L'Europe, située dans le groupe de l'ancien monde diagonalement à l'Australie, offre, comme ce continent, une grande prédominance des plaines. Il en est même dont la surface, sur des milliers de kilomètres carrés d'étendue, semble aussi unie que celle de la mer. Telles sont les landes de Gascogne, actuellement en grande partie cultivées, qui occupent l'espace triangulaire compris entre la Garonne, l'Océan et les contre-forts des Pyrénées. Naguère encore, c'était une immense forêt de bruyères interrompue çà et là par des marécages et des bouquets de pins. D'autres plaines, que la culture a rendues à peine moins uniformes d'aspect, sont les terres basses de l'ancien golfe du Poitou, l'estuaire comblé des Flandres, les *polders* de la Hollande, de la Frise d'Allemagne et du Danemark. Les landes couvrent également une grande partie de la dépression du nord de l'Allemagne ; mais à l'orient de l'Elbe, la large zone du littoral est surtout occupée par de vastes prairies, mer d'herbes qui continue la mer des eaux et dont la surface se confond au loin avec celle des nombreuses lagunes.

Par la Prusse orientale et par la Pologne, la grande plaine va rejoindre les régions marécageuses et les *steppes* de la Russie. La région du *Tchornosjom* ou des Terres-Noires, qui occupe plus de 80 millions d'hectares dans la Russie méridionale, est encore en grande partie une solitude herbeuse, interrompue seulement de distance en distance par des villages, des champs cultivés et des rivières coulant avec lenteur entre de hautes berges ; puis, au delà, s'étendent les steppes arides de la grande dépression caspienne : ce sont d'interminables surfaces de sable mobile, des bancs d'argile dure ou même des assises de roches coupées de fissures où s'est amassée un peu de terre végétale, ou bien des plaines salines, qui, par leurs efflorescences, témoignent de l'ancienne extension de la mer. La plupart des steppes, sauf les « steppes de la faim, » offrent çà et là quelques lambeaux de terres verdoyantes, mais dans ces solitudes, les arbres sont presque complétement inconnus, et ceux qui s'y trouvent sont regardés avec une sorte d'adoration. Entre la mer d'Aral et le confluent de l'Or et du Yaik, c'est-à-dire sur une distance de 500 kilomètres en ligne droite, il n'existe qu'un seul arbre, espèce de peuplier au branchage étalé dont les racines rampent au loin dans le sol aride. Les Kirghizes ont une telle vénération pour cet arbre solitaire, qu'ils se détournent souvent de plusieurs lieues pour lui rendre visite, et chaque fois ils suspendent à ses branches une pièce de leur vêtement : de là le nom d'*arbre aux haillons* qu'ils donnent à ce peuplier du désert.

Quant aux longues plaines septentrionales de la Russie et de la Sibérie, qui descendent en pente insensible vers l'océan Glacial, elles sont encore plus solitaires que les steppes caspiens, et l'aspect n'en est pas moins formidable. Pendant une grande partie de l'année, l'espace circulaire que circonscrit l'horizon n'y présente qu'un immense linceul de neige plissé par le vent. Quand cette couche s'est fondue sous le soleil d'été, les régions les plus basses de la plaine ou *toundras* se montrent parsemées de diverses plantes verdoyantes se gonflant comme des éponges de l'eau cachée des flaques ; mais dans presque toute son étendue, le sol est recouvert seulement de la mousse des rennes et d'autres lichens blanchâtres : on dirait qu'on a toujours sous les yeux la nappe interminable des neiges de l'hiver. Quelle différence entre ces régions terribles et d'autres plaines d'une formation géologique analogue, mais plus favorisées du climat, les pâturages immenses de la Hongrie, les belles campagnes du Danube roumain, l'incomparable bassin de la Lombardie et les campagnes arrosées par le Gange !

Dans le nouveau monde, les plaines occupent une place relativement beaucoup plus grande que dans les continents d'Asie et d'Afrique ; ce sont pour la plupart des régions auxquelles l'abondance des eaux et le dépôt des alluvions fluviales ont donné une admirable fertilité. Ainsi les terres basses qui s'étendent sur les deux bords du Mississipi, et surtout les contrées riveraines du courant des Amazones et de ses grands affluents, sont recouvertes d'immenses forêts, véritables mers d'arbres et de lianes où l'on n'ose s'aventurer sans boussole ou qui sont même complétement impénétrables.

Les plaines non couvertes d'arbres ont aussi une superficie très-considérable dans les deux Amériques. Considérées dans leur ensemble, ces étendues herbeuses du nouveau monde sont toutes, comme les landes, les steppes et les toundras qui se prolongent de la France au Kamchatka par l'Allemagne et les Russies, disposées régulièrement suivant une ligne parallèle à l'axe des continents eux-mêmes. Dans l'Amérique du Nord, elles sont comprises dans le vaste bassin central formé par les Alleghanys et les premiers contre-forts des montagnes Rocheuses. Dans l'Amérique du Sud, elles occupent également une partie de la dépression médiane du continent entre les plateaux des Guyanes et du Brésil et les massifs avancés des Andes. Grâce aux vents pluvieux de la mer qui pénètrent dans ces plaines, soit par le nord, soit par le midi, la végétation y est entretenue, du moins pendant plusieurs mois de l'année, et nulle part, même dans les régions les moins fertiles, on n'y voit de véritables déserts. Ceux-ci sont tous situés à l'ouest, sur les versants ou dans les bassins intérieurs des Rocheuses.

Les savanes ou prairies des États du haut Mississipi, dans la République américaine, ressemblaient naguère, sauf la différence de végétation produite par les climats, aux steppes herbeux de la Russie. Recouvertes par les eaux, à une époque géologique antérieure, celles qui n'ont pas encore été transformées en champs ont une surface uniforme et paisible comme celle d'un lac; les herbes fleuries y ondulent et frémissent au vent comme des flots; les massifs d'arbres y sont semés comme des îles. Çà et là, ces îles se groupent en archipels, et les bras de prairies qui les entourent se bifurquent et se réunissent comme les bras d'une mer herbeuse. Mais, par suite de la colonisation si rapide des États de l'Ouest, ces contrées changent d'aspect de jour en jour; elles se transforment peu à peu en campagnes cultivées.

Dans le continent du sud, les régions qui correspondent aux prairies des États-Unis ont les *pampas* de la Plata et les *llanos* de la Colombie. Ces dernières étendues, si bien décrites par Humboldt, sont probablement, de toutes les plaines du monde, celles qui offrent dans leur apparence le contraste le plus frappant, suivant les diverses saisons de l'année. Après l'époque des pluies, ces plaines, qui s'étendent sur la zone immense comprise entre le cours de l'Orénoque et les Andes, sont recouvertes d'une herbe touffue, au milieu de laquelle les mimosées épanouissent çà et là leur feuillage délicat. Des bœufs et des chevaux errent alors par millions dans ces magnifiques pâturages. Mais le sol se dessèche peu à peu; les cours d'eau tarissent, les lacs se changent en mares, puis en bourbiers où les crocodiles et les serpents s'enfouissent dans la fange; la terre argileuse se contracte et se fend, les plantes se flétrissent et, brisées par le vent, se réduisent en poussière; les bestiaux, chassés par la soif et la faim, se réfugient dans le voisinage des grands fleuves; des multitudes de squelettes blanchissent sur la plaine. C'est alors que les llanos ressemblent le plus aux déserts de l'Afrique situés de l'autre côté de l'Océan. Tout à coup les orages de la saison pluvieuse inondent le sol, la multitude des plantes jaillit de la poussière, et l'immense espace jaunâtre se transforme en une prairie de fleurs. Les rivières débordent, et parfois les inondations s'étendent sur des centaines de kilomètres en largeur : les anciennes îles appelées « tables » ou *mesas* sont les seules terres qui se montrent au-dessus de la nappe troublée des eaux.

Les *pampas* argentines, qui se trouvent à l'autre extrémité du continent, ont une étendue de 1,300,000 kilomètres carrés, trois fois plus considérable que celle des llanos. Cette grande plaine centrale prolonge son immense surface presque horizontale sur un espace de 3,000 kilomètres au moins, des régions bûlantes du Brésil tropical aux froides contrées de la Patagonie. Sur un territoire aussi vaste, les climats et la végétation diffèrent beaucoup, et cependant il y règne une grande monotonie à cause de l'horizontalité du sol et du manque d'eau. Les plaines occidentales qui entourent en partie le massif de Cordova sont parsemée sde plantes épineuses, de genêts, de mimosas et d'autres arbustes au maigre feuillage ; le sol argileux et compacte n'offre qu'un gazon court ; çà et là resplendissent au soleil de vastes espaces salins complétement dépouillés de verdure. Plus à l'est, la pampa proprement dite s'étend du nord au sud entre le rio Salado et les régions de la Patagonie. C'est là l'immense et célèbre pâturage qui a fait la richesse de la République argentine, à cause des bestiaux qui le parcourent par centaines de mille et par millions. La surface, herbeuse en certains endroits, mais ailleurs transformée en une mer de chardons, semble complétement horizontale ; aucun objet ne rompt la grandiose uniformité du paysage, si ce n'est un troupeau de bœufs ou bien un arbre solitaire. Des flaques, les unes salines ou saumâtres, les autres remplies d'eau douce, parsèment la prairie et continuent la nappe onduleuse des graminées par des touffes de joncs et de roseaux. Au nord du rio Salado, la grande mer d'herbes est remplacée par des fourrés de mimosas et d'autres arbustes épineux entourant de petites savanes. Enfin, au delà des méandres du Pilcomayo, les bouquets de palmiers se montrent parmi les massifs, et la pampa, appelée en cet endroit *Gran Chaco*, va rejoindre par des terrains noyés et des isthmes de bois les immenses forêts du bassin de l'Amazone.

II.

Importance capitale des plateaux dans l'économie du globe. — Distribution des hautes terres à la surface des continents.

Toutes les parties hautes des continents et des îles se divisent naturellement, suivant la hauteur et l'inclinaison du sol émergé, en plateaux et en systèmes de montagnes. On est convenu de comprendre par le mot de plateau un massif de terre élevée au-dessus du niveau de la mer; mais la surface n'en est point nécessairement unie et régulière, comme semblerait l'indiquer le nom. Quand le sol est très-inégal, déchiré par de profonds ravins ou parsemé de collines et de montagnes, on considère comme la superficie du plateau ce plan idéal qui passerait par la base de toutes les chaînes de montagnes et comblerait les dépressions intermédiaires. Cependant il existe des plateaux presque parfaitement unis : telles sont les « Plaines Jalonnées » du Texas, certaines parties du bassin d'Utah, dans les

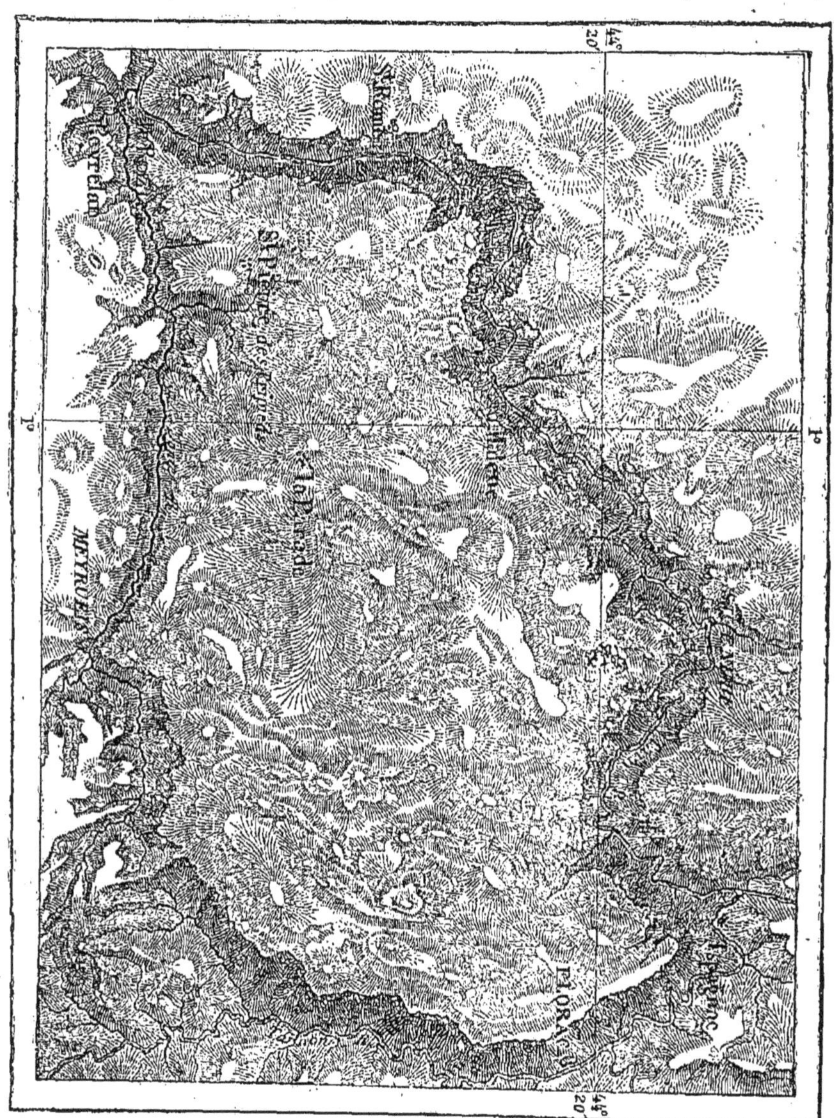

Fig. 5. — Plateau de Florac.

Etats-Unis, et quelques-uns des *causses* ou plateaux calcaires de la France méridionale (fig. 5).

Bien que les plateaux, précisément à cause de

leur masse et de la grandeur de leurs proportions, frappent beaucoup moins l'esprit des hommes que les montagnes abruptes se dressant entre deux pays comme d'énormes remparts, cependant leur importance dans l'économie du globe est certainement supérieure à celle de tous les autres traits du relief continental. Si la surface émergée de la planète était parfaitement unie, une désolante régularité règnerait partout; les mêmes phénomènes se reproduiraient à travers l'étendue des continents d'un océan à l'autre; les vents, dont aucun obstacle n'arrêterait la course, tourneraient autour du globe avec un mouvement toujours égal, comme ces longues bandes de nuages que découvre le télescope sur la planète Jupiter. Par leur position transversale à la direction naturelle des vents, les plateaux produisent une rupture d'équilibre et répercutent les courants atmosphériques dans tous les sens; ils servent de grands condensateurs pour recueillir l'eau des nuages et la garder dans leurs réservoirs de neige et de glace; sans eux les pluies tomberaient d'une manière à peu près égale, et les eaux, ne trouvant point de déclivité pour s'écouler vers l'Océan, formeraient des marécages putrides. L'équilibre parfait des forces de la nature aurait pour conséquence la stagnation universelle et la mort.

Quelles que soient les causes géologiques de la répartition actuelle des plateaux sur les continents, il faut reconnaître ce fait remarquable, que leur hauteur s'accroît avec leur proximité de la zone torride, comme si la rotation du globe avait eu pour résultat non-seulement le gonflement général de la masse planétaire, mais aussi la tuméfaction des continents eux-mêmes. Au tropique du Cancer, l'altitude moyenne des plateaux est à peu près égale à celle des montagnes de la zone tempérée, tandis que les plateaux de cette dernière zone ont en moyenne la même hauteur que les montagnes de la zone polaire. Par suite de cette disposition des hautes terres, il se trouve que sous chaque latitude certaines parties émergées des continents offrent un résumé des climats qui, de cette latitude au pôle, se succèdent sur le pourtour de la planète. Grâce à leurs plateaux et aux montagnes qui les couronnent, la péninsule Ibérique, la Turquie, l'Asie Mineure, jouissent à la fois, sur les divers points de leur surface, de toutes les variétés du climat tempéré et projettent leurs cimes les plus élevées jusque dans les régions froides de l'atmosphère, analogues à celle du pôle. Dans ces contrées, le voyageur peut changer de nature et de climat en quelques jours et parfois en quelques heures, tandis que sur mer il devrait accomplir un long voyage de circumnavigation jusqu'aux banquises et aux glaciers du pôle pour traverser toutes les régions correspondantes.

Le seul fait de l'élévation graduelle des plateaux dans la direction du sud double ou même triple le nombre des zones. Sous les latitudes moyennes, le climat polaire est superposé au climat tempéré. En Hindoustan, trois zones s'étagent sur les flancs de l'Himalaya, cette haute bordure méridionale des plateaux de l'Asie : dans la plaine coulent les grands fleuves, s'étendent les forêts impénétrables, habitent les populations sans nombre; plus haut sont les torrents, les longues avenues des sapins, les troupeaux errant dans les pâturages ; plus haut encore, les broussailles, les mousses, la neige et les amas de glace.

Ainsi, dans l'économie du globe, les hautes terres portent le nord au sein même du midi, rapprochent tous les climats de la planète et toutes les saisons de l'année. Les plateaux sont, pour ainsi dire, de petits continents émergeant du milieu des plaines, et, comme les grands continents limités par la mer, ils offrent dans l'ensemble de leurs phénomènes une espèce de résumé de ceux de la terre entière : ce sont autant de microcosmes. Centres vitaux de l'organisme planétaire, ils arrêtent les vents et les nuages, épanchent les eaux, modifient les mouvements qui s'accomplissent à la surface du globe. Grâce au circuit incessant qui se produit entre les saillies du relief continental et les deux océans des eaux et de l'atmosphère, les climats étagés sur les flancs des plateaux se mêlent diversement et mettent continuellement en rapport les unes avec les autres les flores, les faunes, les nations et les races d'hommes.

D'ailleurs, les plateaux, comme les plaines, n'ont pas tous la même importance dans la vie du globe. Ainsi, les grands plateaux de l'Asie centrale, que l'on peut considérer comme le squelette même du continent, exercent, il est vrai, une influence de premier ordre dans l'économie générale de la terre, mais ils sont eux-mêmes presque séparés du reste du monde, leurs eaux coulent vers des bassins intérieurs sans issue du côté de la mer, et les populations qui les habitent vivent dans un isolement presque complet des autres nations de l'Asie. Le principal groupe de plateaux, que limitent au sud les monts du Karakorum et du Kuenlun, au nord le Thian-Chan, l'Altaï et les monts Dauriens, constitue un immense quadrilatère, à peu près égal à l'Europe en étendue; et parmi ces hautes terres, il en est qui dépassent 5,000 mètres d'altitude moyenne. Sur la plus grande partie de son pourtour, cette énorme forteresse centrale des plateaux de l'Asie est rendue presque inaccessible par sa formidable enceinte de montagnes, de neiges et de déserts; seulement, vers le nord-ouest, entre le Thian-Chan et l'Altaï, s'ouvrent plusieurs dépressions à travers lesquelles les terribles cavaliers mogols s'élancèrent, il y a quelques siècles, pour aller dévaster l'Asie Mineure et l'Europe centrale.

Par l'un de ses angles, le grand massif quadrilatéral de l'Asie centrale confine à un autre plateau, de dimensions beaucoup moindres, mais de forme correspondante : c'est la Perse. Ce territoire élevé, qui, lui aussi, est en grande partie composé de déserts, n'est point pour les populations qui l'habitent une prison semblable aux terres hautes situées plus à l'est; il présente de nombreux débouchés au nord vers les plaines de la Tartarie et vers la mer Caspienne, à l'ouest vers les vallées du Tigre et de l'Euphrate, et se rattache d'ailleurs aux systèmes montagneux de l'Asie Mineure, cette longue péninsule projetée entre deux mers de l'Europe. Chose remarquable ! c'est précisément dans le voisinage du nœud de montagnes où se relient les deux grands systèmes des plateaux de la Mongolie et de la Perse, que se trouve la principale porte des nations âryennes, le défilé par lequel passaient les flux et les reflux des guerres, des migrations, du commerce. Par un singulier contraste géographique, ce nœud vital de l'Asie est à la fois l'endroit où les deux grands massifs de plateaux se rattachent l'un à l'autre, et celui par lequel les plaines de l'Hindoustan communiquent à celles de la Tartarie et de la Caspienne. Les deux diagonales des hautes terres et des terres basses de l'Asie se croisent à angle droit sur ce point de l'Hindu-Kuch.

En Europe, les plateaux les plus considérables offrent aussi dans leur disposition une singulière symétrie. De même que dans le continent d'Asie, ils sont tous, à l'exception de l'étroit plateau de la Norvége méridionale, situés au midi de l'Europe et limités d'un côté par une chaîne de montagnes. A l'ouest, c'est le plateau de l'Espagne, dont la hauteur moyenne est de 600 mètres et qui s'appuie sur le rempart uniforme des Pyrénées; au centre de l'Europe, c'est le plateau de la Souabe et de la Bavière, que dominent au sud les grandes Alpes de la Suisse et du Tyrol; à l'est, ce sont les hautes terres de la Turquie longeant la base méridionale des Balkhans. Ainsi, des trois plateaux, celui du milieu s'étend au nord d'un système de montagnes, tandis que, par une sorte de polarité, les deux autres, situés chacun à une extrémité de l'Europe, se trouvent au sud de la chaîne qui leur sert de point d'appui. D'ailleurs, ces hautes terres, beaucoup plus richement découpées que celles de l'Asie, rappellent la forme de leur continent hérissé de péninsules et dentelé de baies profondes; elles ont aussi leurs promontoires qui se projettent au loin dans l'intérieur des plaines; de larges vallées s'ouvrent dans leur épaisseur, ménageant ainsi de nombreuses issues aux peuples qui habitent le massif du plateau et les pays environnants. Grâce à leurs contours si variés, les hautes contrées de l'Europe ne sont pas isolées du continent : sur aucun point, les rivières n'ont pu s'accumuler en nappes stagnantes; chaque goutte d'eau, chaque produit du sol, chaque homme, y trouvent un chemin vers les plaines d'alentour.

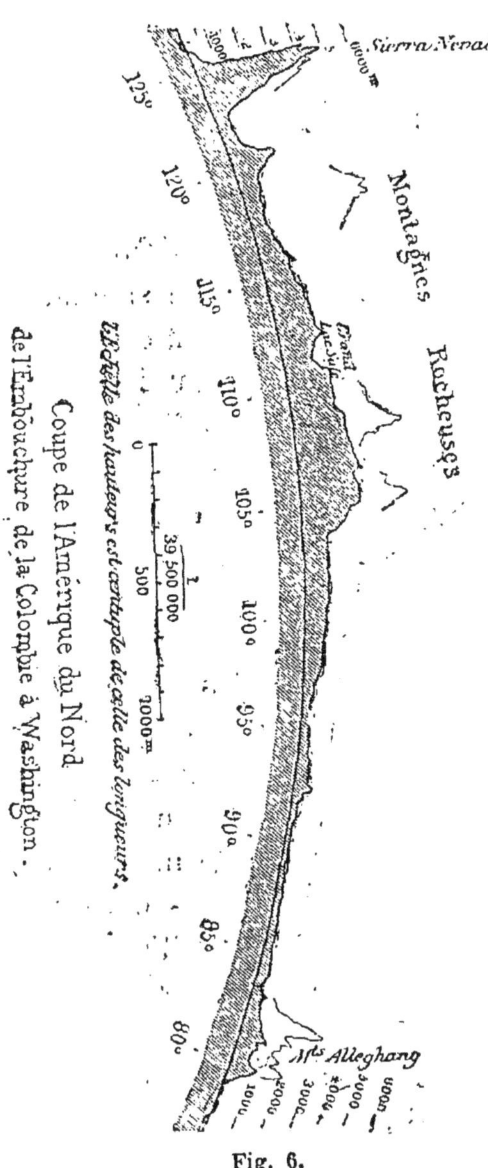

Fig. 6.

Les plateaux des deux Amériques sont beaucoup plus élevés que ceux de l'Europe, et correspondent ainsi par leur altitude aux dimensions des continents qui les portent. A l'exception des plateaux secondaires des Alleghanys, des Guyanes et du Brésil, toutes les hautes terres américaines sont comprises entre les ramifications des chaînes de montagnes qui se dressent à l'ouest dans le voisinage du Pacifique. Le plateau d'Utah ou « Grand-Bassin » est un vaste territoire aux contours massifs, que hérissent des remparts parallèles de rochers et que limitent, d'un côté l'arête des montagnes Rocheuses, de l'autre celle de la Sierra-Nevada : c'est la vertèbre principale de l'ossature du continent (fig. 6). Plus au sud s'étendent les plateaux, également entourés de montagnes et coupés de ravins et de vallées, du Nouveau-Mexique, de l'Arizona, du Chihuahua, de la Sonora. Le massif de l'Anahuac, énorme citadelle qui se dresse entre les deux mers, est dominé par le Popocatepetl, le Cofre de Perote, l'Orizaba; puis viennent, au delà de l'isthme de Tehuantepec, divers plateaux relativement petits, ceux du Guatemala, du Honduras, du Salvador, du Costa-Rica, qui s'appuient sur des rangées de montagnes, en partie volcaniques; leurs hauteurs respectives correspondent d'une manière générale avec la largeur plus ou moins grande de leur base, baignée d'un côté par le Pacifique, de l'autre par la mer des Caraïbes.

Au sud du golfe de Darien, les hauts plateaux commencent avec l'énorme chaîne des Andes; partout où le puissant rempart se divise, il embrasse entre ses arêtes des plateaux de 1,500, 2,000 ou même de 3,000 et 4,000 mètres d'altitude. Dans la Colombie, ce sont les plateaux de Tuquerres, de Pasto, d'Antioquia, de Cundinamarca, de Caracas. Plus au sud, les deux chaînes des Andes et des Cordillières, qui se séparent pour se rejoindre, puis se séparer encore, enceignent de leurs arêtes neigeuses les plateaux de Quito, de Cerro-de-Pasco, de Cuzco, de Titicaca, et s'appuient latéralement sur les plateaux déserts de l'Atacama, entre la Bolivie et le Chili, et sur les terrasses montueuses du Cuyo, à l'ouest des pampas argentines. De tous ces plateaux de l'Amérique méridionale, un seul, ouvert à une époque géologique antérieure, est actuellement fermé et ne peut épancher ses eaux vers les plaines inférieures : c'est le plateau de Titicaca, dont l'élévation moyenne n'est pas moindre de 4,000 mètres, et qui, par sa hauteur et son étendue, est le massif le plus saillant dans le profil du continent (fig. 7). Ce plateau bolivien est la contre-partie du « Grand-Bassin » de l'Amérique du Nord. Ces deux

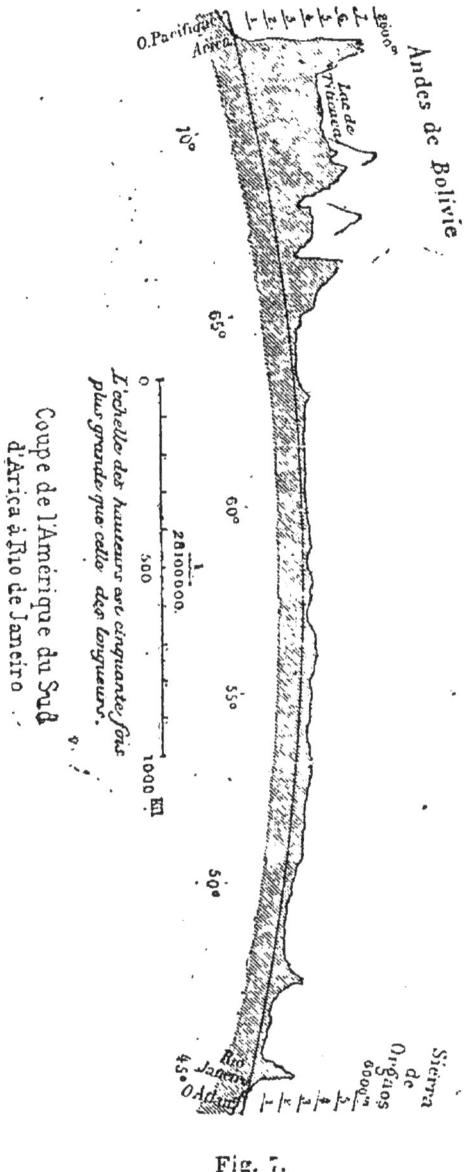

Fig. 7.

régions correspondantes occupent également la partie centrale de leurs continents respectifs, à plus de 3,000 kilomètres des isthmes de l'Amérique centrale, et sont, géographiquement, comme isolées du reste du monde. Les plateaux sur lesquels se sont développées les civilisations autochthones des Aztèques, des Toltèques, des Guatemaltèques, des Muyscas, des Chibchas, des Incas, ont sur les bassins fermés de l'Utah et de la Bolivie l'avantage immense de communiquer avec le littoral par leurs vallées ouvertes et par les eaux de leurs fleuves.

Quant aux plateaux de l'Afrique, ils sont encore plus isolés du reste du monde que les grands plateaux américains, mais ce n'est point à cause de leur grande hauteur ou de l'escarpement des montagnes qui les dominent : c'est bien plutôt à cause du climat et de la forme du continent lui-même. La plupart des hautes terres y sont peu élevées, et leurs pentes offrent un accès facile. Au centre de l'Afrique, la région de lacs où le Nil prend sa source offre une élévation de 1,200 à 1,300 mètres seulement, tandis qu'au nord les plateaux du Maroc et

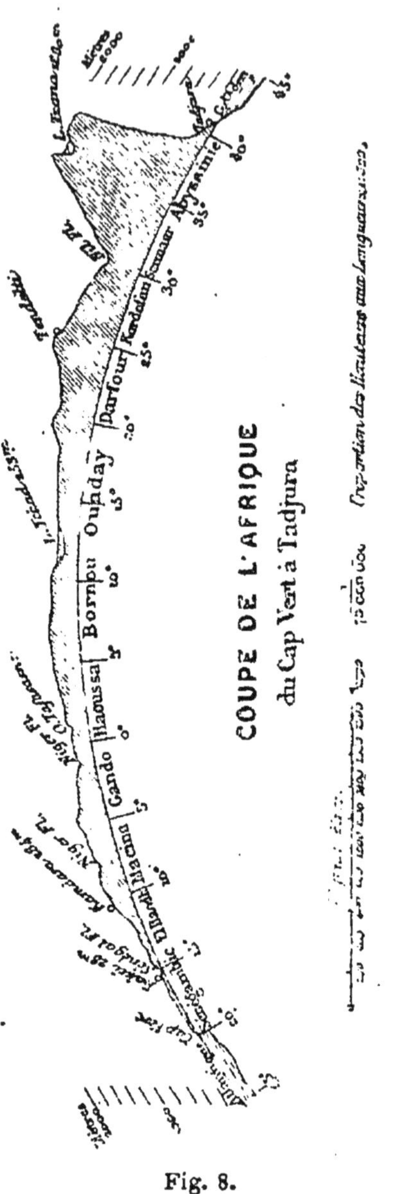

Fig. 8.

même de l'Algérie sont, dans presque toute leur étendue, inférieurs à 1,000 mètres, et qu'au sud, l'altitude moyenne s'abaisse de 1,000 mètres à 200 mètres, des déserts de Kalahari aux terres hautes de la colonie du Cap. Le plateau le plus remarquable du continent est celui de l'Éthiopie, qui, sur une largeur de 1,200 kilomètres environ, se maintient à une élévation moyenne de 2,000 à 2,700 mètres (fig. 8). Les escarpements les plus raides de ce massif sont tournés du côté de la mer ; mais la contre-pente, inclinée au nord-ouest vers le Nil, est de dix à vingt fois plus douce, et de ce côté l'Abyssinie serait facilement accessible si les déserts, les luttes incessantes de peuple à peuple et la chasse à l'esclave ne semaient de dangers l'abord des frontières. Considéré dans son ensemble, le continent africain, le moins connu de toutes les grandes parties du monde et celle qu'habitent les populations les plus barbares, n'offre point aux échanges et aux communications d'obstacles naturels comparables à ceux que présentent les hauts massifs de l'Asie centrale et les plateaux des Andes. Par la distribution de ses montagnes, de ses terres hautes, de ses plaines et de ses déserts, aussi bien que par ses contours généraux, l'Afrique rappelle la péninsule de l'Hindoustan : c'est une Inde grossie onze fois, mais beaucoup moins belle et moins précise de formes que ne l'est cette admirable presqu'île de l'Asie.

III

Montagnes isolées. — Montagnes en massifs. — Chaînes et systèmes de montagnes. — Formes diverses des monts.

Les montagnes, moins importantes dans l'économie du globe que les plateaux, dont elles sont pour la plupart de simples débris, sont pourtant bien mieux connues à cause de la majesté de leur aspect, de leur contraste avec les espaces environnants et de la variété des phénomènes qui s'y accomplissent. Les monts qui s'élèvent isolément, soit au milieu des mers, soit du sein des plaines unies, produisent surtout l'effet le plus grandiose et laissent dans l'imagination des peuples l'impression la plus vive et la plus durable. Même des hauteurs qui, dans les contrées de grandes montagnes, mériteraient à peine un nom et paraîtraient de simples collines, semblent de formidables pics lorsqu'elles s'élèvent dans un pays bas ou sur le bord de la mer.

A l'exception des cônes volcaniques, il est peu de monts qui se dressent isolés au milieu des plaines. Dans presque toutes les contrées du monde dont le relief est fortement accusé, les cimes se présentent en grand nombre et sont disposées soit en massifs, soit en longues rangées. D'ordinaire, celles qui sont groupées circulairement entourent un sommet central, et sont elles-mêmes entourées de hauteurs secondaires qui s'appuient sur des contre-forts latéraux, et s'affaissent de degrés en degrés dans les plaines inférieures ; tels sont, par exemple, les massifs du Harz en Allemagne, du mont Ferrat en Piémont, du Sinaï dans la péninsule arabique. Quant aux chaînes proprement dites, qui se distinguent toujours par une longueur considérable, elles ont aussi quelquefois pour cime centrale un pic dominateur, de chaque côté duquel les saillies de la crête vont en s'abaissant successivement ; mais il n'existe aucune rangée où cet alignement normal des sommets se soit produit avec une régularité géométrique. La plupart des systèmes de montagnes offrent un ensemble de massifs, de chaînes et de chaînons diversement groupés aux arêtes entre-croisées.

Les montagnes varient singulièrement de formes suivant leur hauteur, leur constitution géologique, la force et la direction des météores qui les assaillent. La multitude des causes, en partie inconnues, qui, de concert ou successivement, travaillent à sculpter les saillies terrestres, est tellement grande que chaque cime a son aspect particulier. Il faudrait employer une désignation spéciale, sinon pour chaque montagne, du moins pour chacun de ces types généraux auxquels on peut ramener les formes si nombreuses des protubérances. Malheureusement la plupart des langues que parlent les peuples de plaines sont fort pauvres en mots propres faisant apparaître devant le regard une sommité aux contours précis. Quelles que soient l'apparence des monts et la composition géologique de leurs roches, le géographe et l'écrivain sont obligés de se servir souvent des mêmes termes pour les désigner, à moins qu'ils n'aient recours à de longues descriptions là où un seul nom devrait suffire ; ils doivent même employer des expressions tout à fait impropres, telles que les mots de *chaîne* et de *chaînon* appliqués presque invariablement à toutes les rangées de hauteurs. En revanche, les populations des pays de montagnes, et notamment les Espagnols et les habitants des Pyrénées et des Alpes, ont dans leurs dialectes une grande variété de termes, dont chacun est consacré spécialement à un type particulier de montagne et peint à l'esprit une forme bien nette.

Fig. 9. — Le Gross-Glockner; d'après Payer.

Dans les Alpes du Viso, les grands sommets aux parois escarpées sont des *brics* ou des *brecs*; dans les Pyrénées, ce sont des *tucs* ou des *trucs*, tandis que les montagnes aux pentes plus allongées et aux bases plus larges sont des *tuques*, des *truques*, des *tusses* ou des *tausses*. Les cimes pointues sont des *aiguilles*, des *piques* ou des *barres*; dans le Tyrol allemand (fig. 9), ce sont des *quilles* (*kegel* ou *kogel*). Ailleurs, principalement en Savoie et dans la

Suisse française, les sommets de la même forme sont connus par le nom de *dents*, synonyme du mot *corne* (*horn*) employé dans la Suisse centrale, à partir du mont Cervin ou Matterhorn, cette masse aux contours si hardis que Byron considérait comme le type idéal de la montagne.

Les pyramides à quatre faces qui hérissent en s grand nombre certaines crêtes des montagnes sont les *caires*, *queyres* ou *quairats*, des Alpes et des Pyrénées. Que la pointe de la pyramide soit remplacée par une longue crête et le mont devient alors une *taillante*. Que la cime se termine au contraire par une masse de forme cubique, elle sera désignée sous le nom de *tour* et les flancs de ces monts coupés à pic seront désignés par le terme bien justifié de *pareds* (parois) ou de *murailles* (fig. 10). Les tours de faibles dimensions relatives sont des *pènes* ou des *bougns*. La *tête* est un sommet aux pentes terminales régulières et doucement inclinées se dressant sur une masse aux flancs plus escarpés. La rondeur de

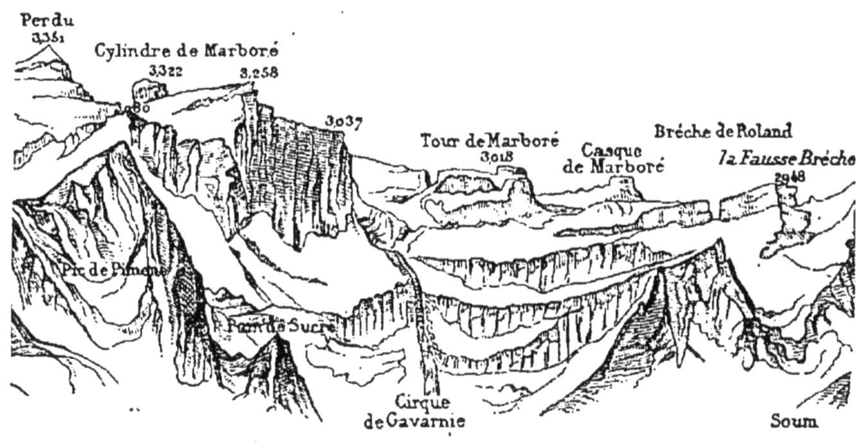

Fig. 10.

la cime est-elle développée en forme de coupole, la montagne est alors un *soum* ou un *dôme*, comme celui du mont Blanc, la masse la plus gigantesque du continent d'Europe. Dans les Vosges, les *ballons*, et dans la forêt Noire, les *boelchen* se terminent par de grandes cimes qu'on dirait boursouflées en ampoules.

Quant aux noms des saillies secondaires, *turons* et *turonnets*, *mottes* et *muottas*, *serres*, *sarrats* et *serrères*, ils ne sont pas moins nombreux ni moins précis dans leur signification que les termes appliqués par les montagnards aux cimes principales. Il est à remarquer que, dans l'idiome des Pyrénéens et des habitants des Alpes, les mots qui servent presque uniquement à désigner les hauteurs dans le langage classique, c'est-à-dire *montagne* et *colline*, sont pris dans une acception toute différente. Dans les idiomes locaux, une montagne n'est autre chose qu'une étendue plus ou moins vaste de pâturages, et le terme de colline, dérivé de col, s'applique aux vallons compris entre deux cimes.

IV

Inégalités du relief des montagnes. — Origine des vallées. — Vallées sinueuses et vallées à défilés. — *Cluses* et *canons*. — Cirques.

La hauteur n'est que le moindre élément de la beauté des montagnes : ce qui fait surtout la majesté aussi bien que la grâce de leur aspect, ce sont les plissements et les déclivités de leurs strates, les cirques et les vallons creusés sur leurs pentes, leurs défilés béants, leurs brusques précipices, enfin les larges vallées horizontales qui longent la base du colosse et permettent par le contraste d'en apprécier les magnifiques proportions. Grâce à la variété de lignes et de contours offerts par tous ces affaissements le mont a pris une apparence de grandeur et de vie qui lui manquait à l'origine.

Quelle est l'origine des vallées, des gorges, des ravins et des autres dépressions des saillies terrestres ? C'est là une question qui n'en fait qu'une avec celle de l'origine des montagnes elles-mêmes et sur laquelle les géologues ne s'entendent point encore. On peut seulement affirmer d'une manière générale que, parmi ces dépressions, les unes sont des traits primitifs de l'ancienne architecture des monts, et commencèrent par être, soit des plissements de strates, soit des failles de rochers, soit des cavernes intérieures graduellement évidées, tandis que les autres ont été peu à peu fouillées par le temps, excavées par les neiges, les glaces, les pluies et les eaux courantes.

Buffon avait constaté qu'un très-grand nombre des vallées tortueuses de montagnes sont, de leur origine à leur issue, dominées de chaque côté par des escarpements parallèles. Aux promontoires d'un versant correspondent des vallons creusés dans l'autre versant; les angles saillants et les angles rentrants alternent de chaque côté, de telle sorte que, si les deux pentes opposées étaient rapprochées soudain, leurs sinuosités se confondraient. Cependant d'autres vallées présentent une formation tout à fait différente : leurs versants, au lieu de se développer régulièrement en courbes parallèles, s'écartent tout à coup l'un de l'autre pour se rapprocher ensuite, puis s'écarter encore : il se produit ainsi, par une sorte de rhythme différent de celui du premier type de la vallée, une succession de bassins arrondis, que des étranglements séparent les uns des autres. Dans les Pyrénées, le Jura et les régions calcaires des Alpes, les vallées de cette formation sont fort nombreuses; mais, le plus souvent, on observe un mélange des deux types : en certains points de leur cours les vallées se développent tortueusement entre des versants parallèles; ailleurs, elles sont disposées en bassins successifs.

Les différences dans la forme des vallées s'expliquent par la nature des roches que les eaux ont eu à creuser. Là où les matériaux entamés, sables, grès, granits, schistes ou laves, sont de composition analogue et présentent partout à l'eau qui les affouille une résistance égale, celle-ci peut suivre son mouvement naturel; elle se développe en méandres qui vont frapper alternativement l'une et l'autre rive, et par conséquent elle donne les sinuosités mêmes de son lit à la vallée qu'elle se creuse. Au contraire, lorsque les roches consistent en assises de duretés inégales ou sont traversées de murailles formant obstacle, les eaux doivent nécessairement s'étaler en lac et ronger latéralement leurs rives jusqu'à ce que le barrage soit percé et que la nappe se soit épanchée en torrent sur un étage inférieur. De cette manière, il se forme, pendant la durée des âges, une série de bassins superposés, les uns encore partiellement emplis d'eau, les autres vidés en entier, et tous unis en collier par les étroits défilés où se précipite le torrent de la vallée.

Les étroites coupures qui font communiquer bassin à bassin, et dans lesquelles se précipitent les eaux torrentueuses, portent dans le Jura le nom de *cluses*, et celui de *clus* dans les Alpes de la Provence; dans ces contrées, elles ne se bornent pas à couper de simples barrières de rochers, elles transpercent jusqu'à des chaînons de montagnes. Les bassins du Var et des cours d'eau voisins sont très-riches en défilés de ce genre, énormes entailles pratiquées à travers l'épaisseur des remparts calcaires : de chaque côté du torrent se dressent des rochers à pic ou surplombants, hauts de plusieurs centaines de mètres, et le plus souvent portant au sommet de leurs escarpements les murailles pittoresques de quelque ancien village. Les clus de l'Aude et de ses principaux affluents, celles de la haute Dordogne, du Tarn et du Lot, celle de Despeña-perros, en Espagne, sont aussi formidables d'aspect. L'une des plus belles de l'Europe est la célèbre *clissura* (*clausura*) du Danube, qui se termine à l'effrayant défilé des Portes de Fer, après un développement de 135 kilomètres de longueur; mais les plus remarquables clus du monde entier sont probablement ces *cañons* du Mexique, du Texas et des montagnes Rocheuses où l'on voit une rivière, presque sans eau, couler à plusieurs centaines de mètres de profondeur entre des parois à pic. D'après le géologue Newberry, le grand cañon du Colorado a 480 kilomètres de long, et la hauteur moyenne des parois qui se dressent à droite et à gauche du fleuve n'est pas moindre de 900 mètres. En maints endroits, le Colorado n'a que 30 mètres de largeur, et peut-être qu'un jour on pourra jeter de roche à roche des ponts de chemins de fer au-dessus des vertigineux abîmes où les eaux coulent à peine visibles.

Quant aux vallons, aux combes supérieures, aux ravins et à toutes les petites dépressions de montagnes, depuis ces profondes coupures que les légendes nous disent avoir été faites par l'épée d'un

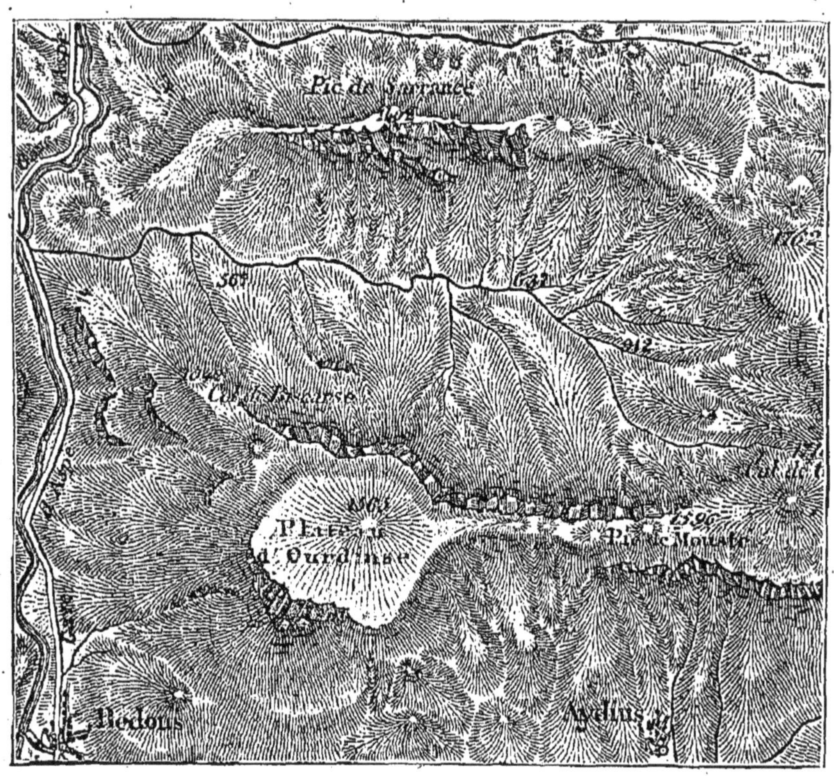

Fig. 11. — Cirque d'Ourdinse.

géant, jusqu'à ces gracieuses ondulations qui ressemblent aux plis d'une étoffe, la variété en est si grande qu'il est impossible de les classer d'une manière systématique. Chaque montagne, ayant son individualité propre, diffère par des vallons ayant chacun leur caractère particulier de grâce ou de majesté. Presque toutes les vallées commencent par un cirque plus ou moins vaste, creusé dans l'épaisseur même de la masse centrale de la chaîne et formé par la réunion de tous les ravins, de tous les couloirs d'éboulement des montagnes environnantes (fig. 11).

V

Echancrures des arêtes de montagnes. — Diversité dans la forme des cols. — Pente réelle et pente idéale des montagnes. — Volume des massifs. — Chaîne des Pyrénées prise comme type de chaîne longitudinale.

Les cols ou échancrures de l'arête des montagnes sont, de même que les vallées, soit des traits primitifs produits par le plissement ou la rupture des couches soulevées, soit des sillons d'origine plus récente dus à l'action des météores et aux éboulements. La variété des causes qui ont contribué à la formation de ces dépressions de la crête, la force de résistance des roches, enfin les péripéties de la lutte incessante engagée pendant la durée des siècles entre les sommets et l'air qui les entoure, leur ont donné la plus grande différence d'aspect. Les uns sont de simples plis gazonnés ou neigeux entre deux croupes arrondies, les autres sont d'étroites arêtes de roches tranchantes, dominées de chaque côté par des masses pyramidales : ce sont les *fourches* et les *hourquettes* des Pyrénées ; d'autres encore sont de profondes fissures creusées entre des parois à pic ; quelques-unes mêmes, semblables à de larges portes ouvertes entre les vallées de deux versants opposés, sont de véritables brèches que l'on dirait avoir été pratiquées dans le roc vif par la sape et la mine.

Pour le voyageur, la pente d'une chaîne de montagnes est cette ligne tortueuse et diversement inclinée que suit le filet d'eau en descendant de l'arête du col aux plaines inférieures ; mais c'est la ligne idéale qui rejoint, à travers les sommets secondaires et par-dessus cols et vallons, les cimes de l'arête principale à la base des escarpements avancés dans les plaines adjacentes qui constitue le véritable versant de la chaîne. Cette ligne idéale n'est jamais aussi inclinée sur l'horizon que le font supposer à première vue l'aspect des pentes et le contraste soudain des hauteurs et des vallées ; aussi les peintres et les dessinateurs exagèrent-ils tout naturellement de moitié ou même du triple le véritable relief des montagnes, afin de rendre ainsi l'effet qu'elles produisent sur le regard du spectateur. Du côté de la France, le Jura, dont la pente générale est du reste très-douce, offre, de la crête du mont Tendre à la ville d'Arbois, une déclivité totale de 1307 mètres seulement, soit de $2^m,6$ par chaque espace de 100 mètres, ce qui serait pour une route carrossable une inclinaison très-faible. La pente générale des Pyrénées est deux fois plus forte, puisque, de la cime du mont Perdu à la plaine de Tarbes, sur une distance de 58 kilomètres en droite ligne, la déclivité est de 3,042 mètres ou de $5^m,2$ par hectomètre ; mais c'est encore là une rampe bien moindre que celle de la plupart des grandes côtes sur les routes de montagnes. Un des versants les plus rapides que l'on puisse observer en Europe est celui des flancs alpins tournés vers les plaines du Piémont et de la Lombardie ; de la cime du mont Rose aux campagnes d'Ivrée, la pente moyenne dépasse 10 mètres sur 100, ce qui produit l'effet d'une immense Babel de tours et de pyramides superposées.

Si la déclivité moyenne est difficile à constater, à cause de la grande diversité des pentes, le volume total d'une chaîne de montagnes est encore beaucoup plus difficile à connaître d'une manière approximative. D'après les calculs de Humboldt, la masse totale des Pyrénées, uniformément répartie à la surface de la France, exhausserait le sol d'environ 3 mètres. De même, si tous les matériaux des massifs alpins étaient répandus également sur le continent d'Europe, ils en augmenteraient la hauteur de 6m,50. Le calcul de ce genre le plus complet qui ait jamais été fait est probablement celui de Sonklar sur la partie des Alpes du Tyrol connue sous le nom de groupe de l'Oetzthal. Cette masse serait représentée par un solide ayant une hauteur uniforme de 2,540 mètres. Répartie sur l'Europe, cette masse n'accroîtrait que de 61 centimètres la hauteur totale du continent. On voit combien, pour le volume total, les monts ont une importance moindre que les plateaux.

Parmi les chaînes de montagnes d'une régularité presque parfaite, on peut citer la partie occidentale des Pyrénées. De même qu'une branche d'arbre, ou, mieux encore, une feuille de fougère se divise et se subdivise à droite et à gauche en petits rameaux, en feuilles et en folioles, de même aussi chaque *nœud* de la crête donne naissance, de côté et d'autre, à une chaîne transversale semblable à la chaîne mère, si ce n'est qu'elle est beaucoup plus courte et s'affaisse par chutes successives jusqu'au niveau des plaines avoisinantes. Les arêtes transversales sont parallèles entre elles et séparées les unes des autres par de profondes vallées, où descendent les glaciers, où mugissent les torrents, où circulent les sentiers. Les vallées correspondent d'un côté à l'autre de la chaîne principale et communiquent ensemble par le

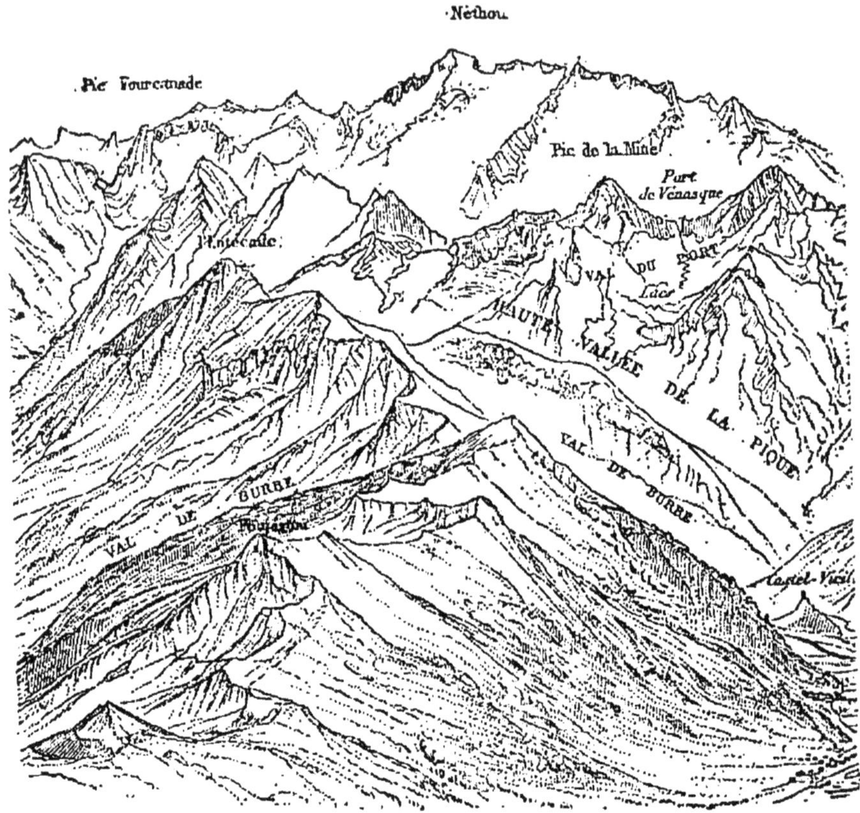

Fig. 12.

col, *port* ou *passage*, c'est-à-dire par la dépression ouverte entre les deux cimes. Comme la crête principale, chaque chaînon transversal se compose également d'une succession de cimes séparées les unes des autres par autant de cols dont la hauteur diminue en proportion ; chaque cime s'appuie sur deux contre-forts latéraux, qui ne sont autre chose qu'un rudiment de chaîne tertiaire parallèle à la grande chaîne, et les cols secondaires servent à faire communiquer de courts vallons déversant leurs eaux au torrent de la vallée principale (fig. 12).

VI

Le Caucase. — Le Jura. — Les Alpes. — L'Himalaya. — Les Andes. — Limites en hauteur des habitations.

Le puissant Caucase, avec ses pics superbes de plus de 5,500 mètres, est, comme le système pyrénéen, une chaîne d'une grande régularité ; mais les autres rangées montagneuses de l'Europe sont pour la plupart très-différentes dans leur aspect. Ainsi la partie du Jura qui sépare la Suisse de la France consiste en rangées parallèles et presque uniformes qui vont en s'élevant comme des étages successifs de l'occident à l'orient ; ce sont comme autant de murs d'enceinte présentant d'un côté de longs talus en pente et se terminant de l'autre par de brusques escarpements. Des vallées intermédiaires séparent ces murailles parallèles, et la plus orientale, qui sur nombre de points est aussi la plus élevée, domine de toute sa hauteur les plaines de la Suisse. Des cirques ou *combes* en forme d'amphithéâtres s'ouvrent dans l'épaisseur des remparts du Jura, et çà et là des *cluses* ou défilés transversaux, animés par des torrents, coupent en entier les chaînes et les séparent en tronçons isolés. On a souvent comparé ces plateaux fragmentaires qui s'allongent et se suivent uniformément dans la même direction à ces espèces de chenilles qui rampent sur le sol en longues processions. Les Alleghanys et les monts Ozark des Etats-Unis présentent une formation analogue.

Les Alpes, système de montagnes qui forme pour ainsi dire l'épine dorsale de l'Europe et dont les ramifications rappellent vaguement les contours du continent lui-même, sont bien autrement riches par la diversité de leurs formes, l'entre-croisement de leurs arêtes, le nombre de leurs massifs épars et leur entourage de chaînes secondaires. L'ensemble de ces monts est constitué par des groupes séparés projetant des rameaux dans tous les sens comme les rayons d'une étoile. Tandis que le Jura et les systèmes de montagnes appartenant au même type se composent de chaînons parallèles, les Alpes sont constituées par la juxtaposition de hautes masses centrales à chaînons divergents. M. Desor, prenant pour base de sa classification des Alpes les divers noyaux de roches cristallines qui ont percé les formations plus récentes, est arrivé à ce résultat, que le système alpin se compose d'une cinquantaine de massifs distincts. Les trois les plus connus, et qui dressent leurs cimes à la plus grande hauteur sont les massifs du mont Blanc, du mont Rose et des Alpes bernoises; mais le groupe central, qui est aussi le plus important sous le rapport géographique, est celui du Saint-Gothard, situé entre la Suisse et l'Italie, au point de partage des eaux du Rhin, du Tessin, du Rhône, de l'Aar, de la Reuss ; c'est le nœud où viennent se joindre, comme des rayons, les crêtes convergentes des groupes environnants. Tous ces massifs, des montagnes de Nice à celles de Hallstadt, en Autriche, sur un développement total de 1,000 kilomètres, dépassent par leurs sommets la hauteur de

3,000 mètres ; ils sont revêtus de neige et méritent ainsi le nom d'Alpes ou de *Blanches*, que les Celtes donnèrent à ces montagnes.

Ce que les massifs des Alpes sont pour l'Europe, les chaînes de l'Himalaya, du Karakorum et du Kouenlun le sont pour le continent d'Asie; mais elles offrent un autre type de système montagneux, celui des chaînes rayonnant autour d'un plateau. Ces trois grandes arêtes de montagnes prennent leur commune origine dans le « toit du monde, » le plateau de Pamir, d'où rayonnent aussi d'autres chaînes vers le nord et vers l'ouest. Le triple rempart de la haute Asie n'a pas moins de 2,500 kilomètres de développement, et sa largeur, y compris celle des plateaux et des vallées intermédiaires, est du côté de l'est, c'est-à-dire vers le Sikkim, de 1,000 kilomètres environ. Quant à l'altitude moyenne des cimes, elle dépasse, pour chacune des trois chaînes, celle de toute autre crête de montagnes dans le reste du monde; c'est là que se trouve le point culminant des terres. Entre les deux versants extrêmes le contraste est absolu; au nord s'étendent des plateaux arides et froids ; au sud se déploient les plaines brûlantes et si merveilleusement fertiles qu'arrosent le Gange et ses affluents. Les roches et les neiges qui se dressent entre les deux régions sont une barrière ethnologique plus puissante que ne le serait l'Océan lui-même; elles séparent des races d'hommes et de grandes religions. En un petit nombre de points seulement les Mogols bouddhistes, grâce aux facilités que leur offrait pour la traversée des montagnes leur résidence sur les hauts plateaux, sont descendus dans les vallées méridionales de l'Himalaya. De toutes ces montagnes la plus haute est le Gaurisankar ou Tchingo-Pamari, dont la cime se dresse à 8,840 mètres, près de deux fois l'élévation du mont Blanc d'Europe. Dans la même rangée de l'Himalaya, on a mesuré jusqu'à ce jour deux cent seize sommets, parmi lesquels dix-sept dépassent l'altitude de 7,500 mètres. Quarante ont environ 7,000, cent vingt plus de 6,000 mètres. Après le Gaurisankar, dont le nom sanscrit signifie le Sublime ou le Rayonnant, la montagne connue qui s'élève à la plus grande hauteur est le Dapsang (8,625 mètres) ou « Ciel-Éclatant, » dans le Karakorum.

Les Andes de l'Amérique du Sud, que l'on regardait encore en 1820, c'est-à-dire avant les découvertes de Webb et de Moorcroft, comme supérieures en élévation à l'Himalaya, sont en moyenne de 2 kilomètres moins hautes : les monts de l'Asie les dépassent en sublimité, les Alpes de l'Europe en variété de sites ; mais elles se distinguent par leur énorme longueur de plus de 7,000 kilomètres et par la grande altitude à laquelle se maintiennent les pics sur un espace d'environ 50 degrés. Ce qui caractérise les Andes entre tous les autres grands systèmes de montagnes, ce sont les nombreuses bifurcations ou, pour mieux dire, les dédoublements de la Cordillère. Huit fois, des frontières du Chili à celles du Venezuela, les Andes se partagent pour former de grandes enceintes enserrant des plateaux entre leurs rangées de pics. C'est par centaines que, dans cet immense développement, se comptent les cimes plus élevées que le mont Blanc. La prodigieuse chaîne semble si bien faire partie de l'architecture même du continent que, suivant M. Jules Remy, nombre des habitants de ses plateaux et de ses pentes voient en elle l'épine dorsale du monde entier : ils ne peuvent se figurer un seul pays qui ne soit dominé par la Cordillère des Andes.

La froidure des hautes montagnes les rend complétement inhabitables à l'homme. Jamais voyageur ne posa son pied sur les grands sommets du Karakorum et de l'Himalaya; les principales cimes des Andes, le Sorata, l'Aconcagua, sont également inviolées. Le point le plus haut que le gravisseur ait encore atteint est le sommet de l'Ibi-Gamin, montagne du Thibet, qui se dresse à 6,730 mètres au-dessus de la mer. A cette hauteur considérable, les frères Schlagintweit qui ont accompli cet exploit en 1856, se trouvaient toujours à plus de 2,000 mètres au-dessous de la pointe terminale du Gaurisankar. Depuis cette époque, le ballon de M. Glaisher s'est élevé à 4,000 mètres plus haut dans la froide atmosphère de la Grande-Bretagne [1].

Quant aux habitations permanentes de l'homme, elles s'arrêtent, dans toutes les régions de montagnes, bien au-dessous des points les plus élevés atteints par les hardis gravisseurs. Saint-Véran, le village le plus haut perché de la France et de l'Europe, se trouve à la hauteur de 2,009 mètres. L'hospice du Saint-Bernard, construit il y a déjà plusieurs siècles pour recueillir les voyageurs transis de froid, est beaucoup plus élevé : son altitude est de 2,472 mètres. La maison la plus élevée de la terre entière est probablement la station de poste de Rumihuasi,

[1] Voir le deuxième volume.

entre Cuzco et Puno, dans le Pérou; elle est située à 4,934 mètres d'altitude. Au-dessus s'étend la région de la solitude et de la mort.

VII

Abaissement graduel des montagnes pendant le cours des siècles. — Ecroulements et chaos. — La chute du Felsberg.

Cependant ces formidables citadelles des monts qui dominent de si haut les habitations de l'homme, et sur les flancs desquelles rampent les nuages, s'abaissent peu à peu dès que la force qui les a fait jaillir de la terre a cessé d'agir. Aidés par la pesanteur qui tend incessamment à niveler la surface du sol, les météores s'acharnent sans relâche à la destruction des montagnes; ils y ouvrent des vallées et des gorges, ils y creusent des cols, ils en ruinent les sommets, soit par des écroulements brusques, soit, d'ordinaire, par une érosion lente et continue. Tôt ou tard, les Andes et l'Himalaya, ces puissantes arêtes continentales, deviendront de simples rangées de collines, comme tant d'autres chaînes plus anciennes qui furent aussi l'épine dorsale d'un monde.

Dans les Pyrénées, les Alpes et autres grandes chaînes, il est peu de vallées où l'on ne voie des *chaos*, *lapiaz* ou *clapiers* de roches, produits par des écroulements de montagnes. Ces chutes soudaines sont parmi les phénomènes les plus effrayants de la vie planétaire; et lorsque pareille catastrophe est arrivée, le souvenir s'en conserve par tradition pendant de longs siècles. C'est par centaines que l'on compte les éboulements de rochers qui ont eu lieu, durant les siècles historiques, dans l'Europe occidentale ; mais nulle catastrophe de ce genre n'a laissé un plus grand souvenir de terreur qui ne l'a fait la chute d'un pan du Rossberg, au nord du Righi, le 2 septembre 1806. Cette montagne consiste en couches d'un conglomérat compacte reposant sur des lits d'argile, que délayent les eaux d'infiltration. La saison avait été très-pluvieuse, et les strates d'argile s'étaient graduellement changés en une masse boueuse ; à la fin, les roches supérieures, venant à manquer d'appui, commencèrent à glisser sur les pentes en soulevant les terres devant elles comme la proue d'un navire soulève l'eau de la mer. Soudain la débâcle eut lieu. En un moment l'énorme masse, avec ses forêts, ses prairies, ses hameaux, ses habitants, s'abattit dans la plaine; les flammes produites par le frottement des roches entre-choquées s'élancèrent en gerbes de la montagne ouverte ; l'eau des couches profondes, tout à coup transformée en vapeur, fit explosion et des quantités de pierres et de boue furent lancées comme par la bouche d'un volcan. Les charmantes campagnes de Goldau (la vallée d'Or) et quatre villages, qu'habitaient près de mille personnes, disparurent sous l'entassement de débris, le lac de Lowerz fut comblé en partie, et la vague furieuse, que l'éboulement lança contre les rivages, balaya les maisons. La catastrophe s'était accomplie d'une manière tellement rapide que les oiseaux avaient été tués dans l'air. La partie de la montagne écroulée n'avait pas moins de 4 kilomètres de long sur 320 mètres de largeur moyenne et 32 mètres d'épaisseur : c'est une masse de plus de 40 millions de mètres cubes.

Toutefois ces effroyables chutes de rochers ne sont que des phénomènes de second ordre, comparativement aux résultats que produit l'action lente des agents atmosphériques, des glaces et des eaux torrentielles. Ce sont là les travailleurs infatigables qui, par leur œuvre incessante, ont élargi les premières failles ouvertes dans l'épaisseur des rochers et qui ont creusé tout ce réseau de couloirs, de cirques, de combes, de défilés, de clus, de vallons et de vallées dont les innombrables ramifications donnent tant de variété à l'architecture des montagnes. Par ce travail, continué sans relâche pendant les siècles et les périodes géologiques, les hautes cimes sont lentement abaissées, et les matériaux enlevés aux pentes vont s'étaler au loin dans les plaines et dans les eaux de la mer.

CHAPITRE III

LA CIRCULATION DES EAUX

I

Les neiges des montagnes. — Limite inférieure et zone des neiges persistantes. — Avalanches.

Par suite de l'abaissement graduel de la température dans les hauteurs de l'espace[1], les sommets des montagnes se couvrent de neiges plus tôt que leurs pentes et celles-ci sont déjà blanches que les plaines inférieures sont encore arrosées par des pluies. Une ligne presque toujours indécise et de hauteurs différentes, suivant l'exposition et l'inclinaison des versants, la nature du sol, la réverbération des pentes voisines, marque autour des montagnes la limite qui sépare la zone des pluies, relativement tiède, de la zone froide des neiges.

Cette limite change dans les diverses saisons ; en hiver, elle descend graduellement jusqu'à la base des Alpes et des Pyrénées ; au printemps et en été,

[1] Voir le deuxième volume.

elle remonte peu à peu jusque dans le voisinage des cimes ou dépasse même les sommets qui ne s'élèvent pas à une assez grande hauteur dans l'atmosphère. La plupart des chaînes considérables ont la crête toujours neigeuse, et sur leurs pentes se prolonge une ligne variable, au-dessus de laquelle les flocons ne fondent jamais entièrement : c'est la ligne dite des neiges persistantes.

D'ailleurs, il est très-difficile d'en fixer l'altitude moyenne. C'est d'une manière tout à fait générale seulement que l'on peut indiquer la hauteur de cette ligne indécise oscillant d'année en année et de siècle en siècle sous l'influence combinée de la chaleur solaire et des agents atmosphériques. D'après les frères Schlagintweit, la limite des neiges dites perpétuelles oscillerait pour les Alpes centrales entre 2,730 et 2,800 mètres d'altitude, et pour le massif du mont Blanc entre 2,860 et 3,100 mètres. Cependant on a vu la Strahleck, à 3,351 mètres de hauteur, absolument dégarnie de neiges.

Quant aux Pyrénées, où la limite des neiges persistantes serait de 2,730 à 2,800 mètres, il est certain que le Montcalm, qui s'élève à 3,079 mètres se termine par un plateau souvent débarrassé de neiges pendant la saison des chaleurs et parsemé de touffes de gazon. Sur le versant espagnol, on ne voit guère plus que le roc vers le milieu d'août, si ce n'est dans les cavités profondes où le vent du sud ne pénètre point. La zone blanche dont les géographes recouvrent les grandes cimes pyrénéennes n'existe pas d'une manière permanente. On peut en affirmer autant pour un grand nombre d'autres chaînes de montagnes que l'habitude faisait énumérer souvent comme étant couronnées de neiges persistantes. Aussi la ligne idéale, tracée dans la plupart des atlas pour délimiter la zone neigeuse sur le profil des monts, ne peut-elle avoir qu'une valeur approximative. C'est dans les montagnes du Thibet que la limite des neiges se relève à la plus grande hauteur : les frères Schlagintweit y ont vu des cimes de plus de 6,000 mètres complétement dégarnies de toute molécule neigeuse. Le fait général est que, sur les montagnes, la ligne de séparation entre la zone des pluies et celle des neiges s'abaisse graduellement des régions tropicales aux régions polaires ; mais cette ligne ne descend probablement nulle part jusqu'au niveau de la mer; on n'a point encore découvert de terres arctiques ou antarctiques revêtues au plus fort de l'été d'une couche permanente de neiges.

Les blanches masses accumulées sur les flancs et les sommets des montagnes n'y séjournent point à jamais, car les météores travaillent sans cesse au déblaiement des neiges. Même les vents froids y contribuent en les soulevant en tourbillons et en les faisant retomber sur les pentes inférieures où la température moyenne est plus haute. Les vents chauds et secs font encore plus que les tourmentes pour amoindrir les masses de neige qui pèsent sur les sommets. Ainsi le vent du midi, appellé *fœhn* par les montagnards de la Suisse, fond ou fait évaporer en douze heures une couche de neige atteignant parfois une épaisseur de trois quarts de mètres ; il « mange la neige, » dit le proverbe, et ramène le printemps sur les hauteurs. Les pluies et les tièdes brouillards que les vents apportent sur les pentes des montagnes aident aussi à la fusion des couches neigeuses. Enfin les rayons du soleil, principal agent du climat, peuvent fondre jusqu'à 50 et même 70 centimètres de neige dans la journée.

Ce n'est pas uniquement par ces moyens lents que les neiges diminuent sur les montagnes, elles s'écroulent aussi dans les vallées en soudaines avalanches. La plupart des monts sont rayés sur tout leur pourtour de sillons verticaux où ces masses neigeuses, connues aussi sous le nom de *lavanges* et de *challanches*, s'engouffrent au printemps. Ce sont de véritables affluents temporaires des torrents qui passent en bas dans les gorges : au lieu de couler d'une manière continue comme le filet d'eau des cascades, elles plongent en une fois ou par une succession de chutes. Elles font ainsi partie du système général de la circulation des eaux dans chaque bassin ; mais par suite de la surabondance des neiges, d'une fonte trop rapide ou de toute autre cause météorologique, certaines avalanches exceptionnelles, analogues aux inondations des rivières débordées, produisent des effets désastreux en ravageant les bois et les cultures des pentes inférieures ou même en engloutissant des villages entiers.

Les troncs pressés des arbres sont le meilleur moyen de protection contre les avalanches de toute espèce. Non-seulement les neiges qui se trouvent dans le bois lui-même ne peuvent pas se déplacer ; mais lorsque des masses descendues des pentes supérieures, et n'ayant encore qu'un faible mouvement, viennent se heurter contre les arbres, elles ne peuvent franchir cette forte barrière ; elles s'arrêtent sur la déclivité après avoir renversé quelques troncs, et ces débris mêmes constituent un nouvel obstacle pour les avalanches futures. Les bois protecteurs des Pyrénées, de la Suisse et du Tyrol étaient défendus par le *ban* national, « taboués » pour ainsi dire. On les appelait et on les appelle encore *bédats*, dans les Pyrénées, *Bannwœlder*, dans les Alpes. Au val d'Andermatt, à la base septentrionale du Saint-Gothard, peine de mort était prononcée jadis contre tout homme coupable d'avoir attenté à la vie de l'un des arbres qui protégeaient les habitations.

II

Transformation graduelle des neiges en glace. — Névés ou réservoirs des glaciers. — Phénomène du regel. — Mouvement des glaces.

Par une succession de changements partiels affectant les milliards de molécules gelées, la neige des hautes cimes se transforme en glace, et les flocons blancs tombés sur les sommets deviennent ces fleuves de cristal bleuâtre emplissant les gorges sur une épaisseur de plusieurs centaines de mètres et se prolongeant vers la plaine bien au-dessous de la zone des neiges persistantes. Insensiblement le champ de neige se change en névé, puis en glacier, pour devenir ensuite torrent, rivière, vague de l'Océan, et recommencer sous une autre forme, avec les vapeurs des nuages, son éternel circuit.

Les flocons fraîchement tombés commencent d'abord par se tasser et durcir. Ensuite, lorsque les rayons du soleil élèvent au point de fusion la température du champ de neige, des gouttelettes plus ou moins nombreuses pénètrent dans les couches inférieures, puis, saisies de nouveau par le froid, elles se congèlent en enveloppes confusément cristallisées autour des molécules solides et les cimentent les unes aux autres en une masse compacte. A la longue, le champ de neige finit par changer de structure dans toute son épaisseur et devient un amas de granules d'où l'air est partiellement expulsé par les liquéfactions et les congélations successives qu'y produit la chaleur solaire. Il forme alors ces masses blanchâtres ou d'un gris terne connues sous le nom de *névés* dans les Alpes et les Pyrénées.

Ce premier changement des molécules neigeuses est le prélude de modifications encore plus considérables. La chaleur du soleil continue de fondre les couches superficielles et fait pénétrer ainsi dans le névé des gouttes et des lamelles de glace de plus en plus épaisses. En même temps, les neiges, comprimées par leur propre poids, finissent par expulser mécaniquement la plus grande partie de l'air enfermé et par donner aux granules opaques du névé une dureté et une transparence plus grande. Ce n'est pas tout. Ainsi que l'ont démontré les physiciens, la température de liquéfaction s'abaisse pour la glace de 75 dix-millièmes de degré centigrade par chaque *atmosphère* [1] de pression. Au bas des pentes rapides où l'énorme poids des couches surincombantes comprime la glace avec la force d'un grand nombre d'atmosphères, le point de fusion de la masse se trouve notablement abaissé, une quantité plus ou moins forte de chaleur latente redevient libre et une partie de la

[1] Poids équivalent à celui d'une colonne d'eau d'environ 10 mètres.

glace doit se fondre pour se transformer en eau. Des cellules et des veines liquides s'ouvrent çà et là dans l'intérieur du glacier, dont la température moyenne n'est du reste inférieure que d'une simple fraction de degré au zéro de l'échelle centigrade.

Cependant les particules glacées qui séparent les minces couches liquides ne restent isolées que pour un instant, car, même sous une faible pression, bien inférieure à celle qui agit dans les glaciers, deux morceaux de glace entourés d'eau se rapprochent aussitôt l'un de l'autre et se soudent pour ne former qu'un seul bloc ; jusque dans l'eau chaude, deux glaçons qui se fondent s'efforcent continuellement de se rejoindre et l'isthme qui les unit se reforme constamment tant que les dernières particules solides n'ont pas disparu. C'est là le fait capital découvert par Faraday, qui lui a donné le nom de *regelation*, francisé en celui de « regel » par M. Martins. Ce phénomène s'opère sur tous les points dans l'épaisseur des glaciers : au milieu des veinules d'eau qui s'ouvrent de toutes parts, les molécules de glace se rapprochent et se soudent, de nouvelles couches liquides se forment sous la pression, d'autres soudures s'accomplissent entre les morceaux de glace disjoints, et par ce changement continu l'air enfermé dans l'ancienne neige est graduellement expulsé. C'est ainsi que la masse entière, composée de véritables cristaux, dont quelques-uns ont le diamètre d'une noix ou même d'un œuf de poule, prend à la longue une transparence presque parfaite et une couleur d'un bel azur.

De temps immémorial, les montagnards des Alpes savaient que les glaciers marchent et transportent des blocs de rochers du haut des cimes jusque dans les vallées ; mais les géographes l'ignoraient. Vers la fin du XVIe siècle, Simmler annonça ce fait merveilleux ; d'autres savants le répétèrent ensuite ; mais il ne fut généralement connu qu'à la fin du siècle dernier, après la publication des voyages d'Horace de Saussure. Quant aux premières expériences directes faites sur le mouvement des glaces, elles sont dues à Hugi. Il se fit construire, en 1827, une petite cabane sur le glacier de l'Unteraar, en Suisse. Trois ans après, la cabane se trouvait à 100 mètres plus bas ; en 1836, elle avait déjà parcouru 714 mètres ; en 1841, elle était à 1,428 mètres de sa première position : sa marche avait donc été de 102 mètres par an. Depuis cette époque, un grand nombre d'expériences du même genre ont été faites par d'autres explorateurs, et l'on a constaté que l'on peut, sans exagération de langage, assimiler le glacier à un véritable fleuve. Non-seulement la rivière de glace se comporte exactement comme les cours d'eau liquides en roulant ses flots avec beaucoup plus de rapidité dans la partie centrale que sur les bords, et à la surface que dans les profondeurs, mais, à l'égal de toutes les autres rivières, elle porte aussi la plus grande force de son courant vers la convexité de chacun de ses méandres successifs.

D'après Tyndall et la plupart des physiciens, la véritable cause de la marche des fleuves de glace doit être cherchée dans la formation d'innombrables fissures et dans la reconstitution en une masse nouvelle de tous les fragments brisés. Le regel s'accomplit à la fois dans toutes les parties du glacier, et, comme il est facile de le comprendre, c'est toujours dans le sens de la pente que les molécules comprimées par les masses supérieures doivent se déplacer pour se souder de nouveau. Le mouvement de descente et la soudure s'opérant en même temps pour des millions et des milliards de grains brisés, l'ensemble du glacier descend par cela même dans la gorge qui lui sert de lit. Sous la pression de l'énorme poids qui la pousse en avant, la glace finit donc par s'adapter et se mouler parfaitement dans son canal de rochers, comme le ferait une masse pâteuse. La gorge se rétrécit-elle, le glacier s'étire et s'allonge pour entrer dans le défilé; les parois de la montagne s'écartent-elles en bassin, la glace s'étale comme un lac dans la grande enceinte. D'ailleurs, la marche du glacier offre les différences les plus considérables, suivant l'importance de la masse totale en largeur et en profondeur, suivant la proximité des bords ou du fond, les sinuosités des parois, la pente, les épanouissements et les étranglements du lit de roches, l'état de la température, les diverses saisons de l'année.

III

Crevasses marginales, transversales, longitudinales, terminales. — Lacs et débâcles. — Moraines latérales, médianes et frontales.

La masse entière du glacier n'avance pas d'une manière tout à fait continue comme le ferait une nappe liquide; les couches ne peuvent suivre, sans se rompre, toutes les sinuosités de la gorge et s'adapter aux inégalités du fond; des fissures ou *cre-*

vasses se produisent dans l'épaisseur du fleuve qui semble immobile et lui donnent quelquefois une surface des plus accidentées.

La plupart des crevasses du glacier se forment dans le voisinage des rives, et principalement vers la convexité des anses, à cause de l'inégalité de tension qu'éprouvent les couches de glace entraînées : on leur donne le nom de crevasses *marginales*. Les crevasses dites *transversales*, qui se forment de rive à rive à travers le champ du glacier, ont pour cause principale les saillies du fond. En effet, dans les endroits où la déclivité devient plus forte, les glaces, ne pouvant s'accommoder à cette nouvelle pente, se brisent dans toute leur épaisseur, et sont forcées de se reployer par une série de fissures suivant une inclinaison semblable à celle du lit qu'elles recouvrent. En aval de ces pentes rapides, les fissures se rapprochent de nouveau et le lit du glacier reprend l'égalité de sa surface, de même qu'au-dessous des cataractes, l'eau des fleuves s'étale en nappes tranquilles. Les crevasses *longitudinales* sont dues également à des saillies du lit qui forcent les glaces à s'écarter à droite et à gauche. Enfin les glaciers ont aussi des crevasses *rayonnantes*, surtout à leur extrémité, lorsque la base s'étend largement dans les gorges inférieures; à l'issue de maint fleuve de glace, elles offrent parfois la disposition régulière des branches d'un éventail. Suivant les diverses pentes et les inégalités du lit, le glacier présente donc la plus grande variété dans ses lignes de fracture.

Par suite de toutes ces inégalités et sans doute aussi à cause de la différence des pressions exercées à la base, les glaces prennent en certains endroits les formes les plus pittoresques et les plus fantastiques : ce sont des chevaliers couverts de leurs armures, des animaux étranges, des torses de statues brisées, des clochetons ogivaux, des colonnades en ruine. Le grand fleuve à la superficie rugueuse, aux vagues congelées, aux abîmes insondables au regard, devient une « mer de glace, » comme celles du mont Blanc et du glacier d'Alestch (fig. 13). Quelques-uns des gouffres qui s'ouvrent dans l'épaisseur des champs de glace ont été mesurés directement par la sonde. On a pu ainsi évaluer l'épaisseur de certains glaciers des Alpes à 250, 300 et même 500 mètres.

Par suite de la fonte superficielle, de petits fleuves en miniature coulent çà et là pendant l'été à la surface du glacier. On y voit aussi des lacs. Les uns sont de simples mares ou *gouilles*, ayant pour lit des crevasses inachevées ; ils se déplacent, voyagent comme les ruisseaux avec le glacier qui les porte, puis se vident tout à coup lorsqu'ils arrivent au-dessus d'une crevasse. D'autres lacs, plus considérables, emplissent des puits descendant jusqu'aux rochers du fond. En certains endroits, les eaux superficielles, ne trouvant pas d'écoulement vers les vallées inférieures par-dessous la masse solide qui recouvre le sol, se rassemblent dans un creux entre le champ de glace et les parois de la montagne. Parfois ces eaux renversent le mur de cristal qui les retenait, et celles-ci s'écroulent en une débâcle soudaine, le lac se transforme en torrent ou plonge en cataracte furieuse dans les gorges inférieures, et déverse en quelques heures la masse liquide qui s'était accumulée pendant une longue période d'années ou de

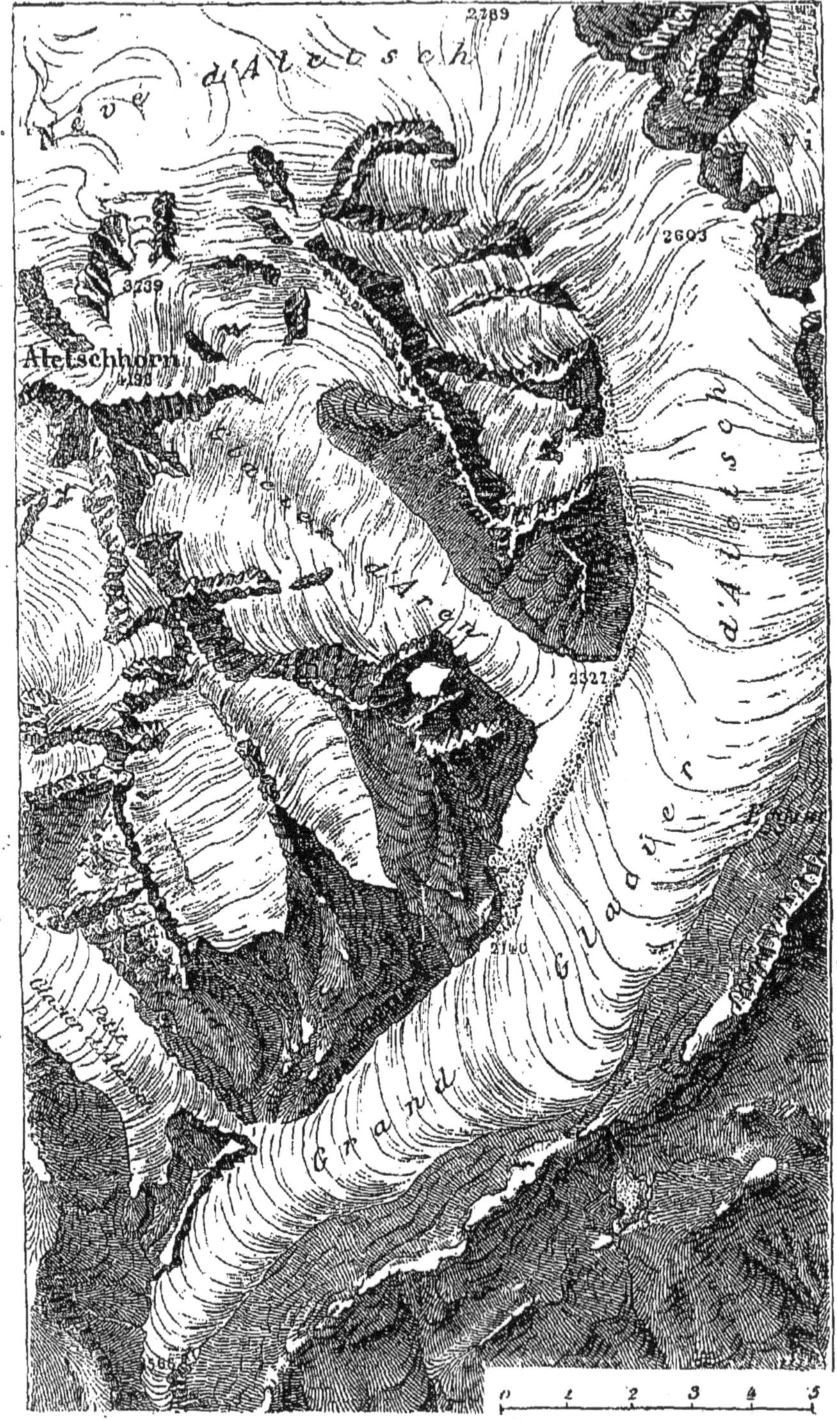

Fig. 13. — Glacier d'Aletsch.

siècles. L'histoire des inondations des Alpes est pleine d'événements de ce genre.

Comme tous les autres fleuves, le glacier charrie des alluvions qu'il finit par déposer à l'extrémité de son cours après un laps de temps plus ou moins long. La surface mouvante reçoit tous les débris de rochers que le dégel, les pluies, les vents ou d'autres météores détachent des escarpements nus, toutes les avalanches de pierrailles qui descendent avec les neiges du haut des couloirs, tous les fragments de ces immenses ruines qui se dressent sous forme d'aiguilles, de pitons, de dents ou de crêtes. Portées sur la glace, les roches éboulées commencent lentement leur voyage vers la mer, où elles arriveront tôt ou tard réduites en sables ou en limon.

Parmi les débris tombés des escarpements sur le lit du glacier, il en est qui se creusent peu à peu leur trou et disparaissent dans les profondeurs, tandis que d'autres semblent s'élever à cause de l'abaissement graduel de la masse environnante qui se fond et s'évapore à la surface. En effet, qu'un petit caillou de couleur sombre se trouve pendant le jour sur la couche glacée, il absorbera promptement les rayons solaires, et fondant les molécules sur lesquelles il repose, descendra lentement dans l'espèce de puits que lui fore sa propre chaleur. Le résultat est tout différent lorsqu'au lieu de cailloux isolés ce sont de grandes masses de débris qui s'écroulent à la fois sur le glacier. Ces décombres sont, il est vrai, réchauffés à leur surface par les rayons solaires, mais ils protégent en même temps contre la chaleur la glace qu'ils recouvrent : tandis qu'autour d'eux les couches superficielles du glacier se fondent et s'évaporent, ils restent à la même hauteur et semblent ainsi grandir comme des boursouflures volcaniques. A la fin pourtant, la base du cône de glace qui porte ces graviers fond à son tour, les débris glissent sur le talus devenu trop rapide, et bientôt après le monticule s'affaisse et disparaît.

Un phénomène de même nature se produit lorsqu'un large bloc de pierre, tel qu'une table de schiste ou de granit, recouvre la glace et l'abrite des rayons du soleil. La surface environnante s'abaisse lentement en laissant au-dessous de la table un pilier semblable à une colonne de marbre couronnée d'un chapiteau, puis le pilier rongé par la chaleur devient trop faible, il cède, la table s'écroule et peu à peu s'exhausse sur un nouveau support.

Ces débris de toute espèce qui se dressent en remparts des deux côtés du glacier et participent au mouvement du fleuve congelé, sont connus sous le nom de *moraines latérales*. En aval du confluent de deux glaciers, ces digues de pierres se réunissent et forment ainsi, au milieu du courant, une troisième moraine, parallèle à celles des bords. Qu'un autre glacier tributaire vienne encore déboucher dans le courant principal, une deuxième moraine *médiane* s'alignera sur le dos du glacier, parallèlement à la première; enfin, quel que soit le nombre des affluents de glace, chacun d'eux unira l'une de ses moraines latérales à celle du grand glacier pour en former une crête médiane de débris. En apercevant la surface d'un glacier aux allures régulières, comme la mer de glace du mont Blanc, on peut compter le nombre des tributaires par celui des remparts qui s'allongent dans le sens du courant.

Après le cours des années ou même des siècles, les blocs et les pierres arrivent à l'extrémité inférieure du glacier et tombent les uns après les autres en roulant du haut des talus. Ce sont là ces moraines

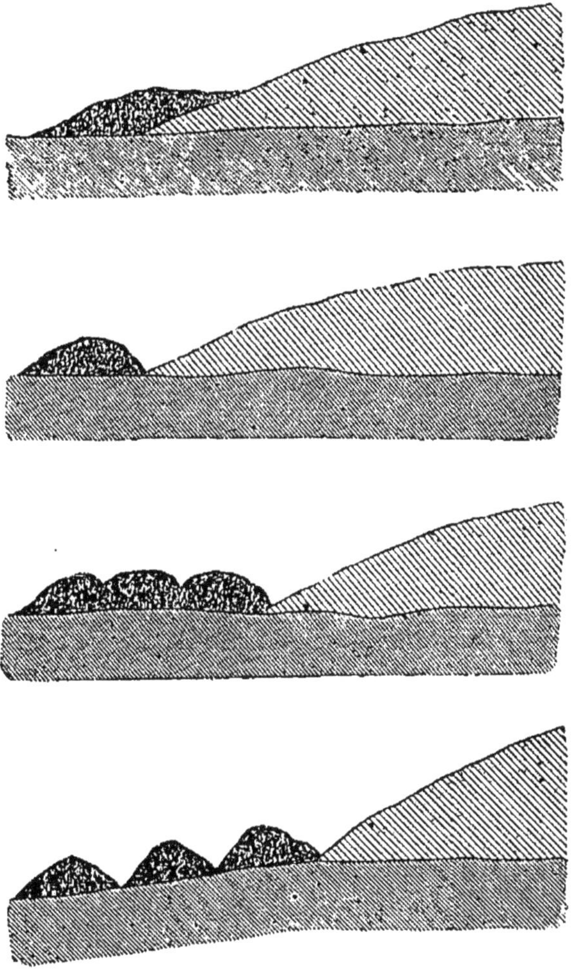

Fig. 14, 15, 16, 17. — Moraines frontales.

frontales qui défendent les abords de tant de glaciers et dont la formidable pente offre parfois des centaines de mètres de hauteur. Alluvions grossières repoussées par les glaces, elles avancent plus ou moins dans les vallées, suivant la pression des masses supérieures. Lorsque celles-ci gagnent en puissance, le talus de blocs se met en marche et, dans son irrésistible progrès, recouvre les campagnes, les rochers, les torrents (fig. 14). En revanche, lorsque le glacier recule, l'énorme digue avancée reste isolée comme un rempart dressé au travers de la vallée, et plus haut, le glacier construit une autre moraine frontale de tous les débris qu'il charrie (fig. 15, 16, 17).

Les eaux de fonte qui coulent à la superficie plongent dans les crevasses et pénètrent de fissure en fissure jusqu'à l'endroit le plus profond de la gorge emplie par le fleuve congelé. Grâce à leur température supérieure à zéro, les eaux, réunies dans ce lit caché et mêlées çà et là aux sources vives, fondent une certaine quantité de glace au-dessus de leur cours et s'ouvrent ainsi un libre passage vers la vallée, en s'échappant par une arcade terminale qui change de forme et de dimension suivant les mouvements du glacier. Il arrive parfois, au plus fort de l'hiver, que l'ouverture des arches est entièrement obstruée par les neiges et les débris; le froid arrête le torrent et le congèle à la porte du glacier.

IV

Progrès et recul des glaciers. — Roches moutonnées et striées. Époque glaciaire. — Glaciers des Alpes, de l'Himalaya et des Andes.

Suivant l'abondance des neiges tombées et les diverses conditions du climat, les fleuves de glace s'allongent ou diminuent dans leurs gorges ou bien encore restent stationnaires pendant quelques années. Il en est même que l'on voit naître sur le flanc des montagnes, tandis que d'autres fondent entièrement. Tous ces phénomènes ont été observés dans les Alpes et dans les autres systèmes des hautes montagnes de l'Europe. Au commencement du siècle, les glaciers du mont Blanc augmentaient en longueur et en puissance; mais de 1826 à 1866, on les a vus reculer de plusieurs centaines de mètres, parce que les neiges de l'hiver ont été moins abondantes et les étés plus chauds en moyenne.

C'est grâce au recul temporaire ou permanent des glaciers que l'on peut connaître l'action produite par le lent écoulement de la masse énorme sur le fond et sur les parois de son lit. Le frottement incessant des glaces et du gravier qu'elles entraînent enlève graduellement les aspérités les plus saillantes et donne à toutes les protubérances une surface arrondie. Suivant une comparaison fréquemment employée, le glacier passe sur le sol comme un gigantesque rabot; il laboure le fond, abat les pointes, les broie, les triture, les réduit en sable et en boue, et se sert de ces débris eux-mêmes pour user et polir les roches de son lit : de là cet aspect mamelonné des anciennes saillies sur lesquelles la lourde masse a glissé pendant des siècles. Des fentes de clivage, des fractures diverses, apparaissant en noir comme des lignes d'ombre sur ces rondeurs blanches et polies, leur donnent parfois l'apparence d'amas de laine posés sur le sol ou de troupeaux de moutons; aussi les connaît-on sous le nom de « roches moutonnées, » employé pour la première fois par de Saussure.

Les autres marques laissées par le glacier sont les

stries. En effet, la glace ne se borne pas à broyer les parties saillantes, elle creuse aussi la pierre en certains endroits avec les blocs de forme et de dureté différentes dont elle est armée sur sa face inférieure et qui agissent comme autant de burins sur les rochers. Les cailloux lentement poussés vers le bas du glacier sont rayés par les stylets de pierre ; le fond rocheux de la gorge lui-même est sillonné çà et là dans toute sa longueur comme par le soc d'une charrue.

L'existence de ces roches moutonnées, de ces stries et d'anciennes moraines à de grandes distances en aval des glaciers actuels a révélé ce fait inattendu, qu'à une époque géologique relativement moderne, ils offraient des dimensions beaucoup plus considérables. Sous l'influence de conditions physiques et météorologiques qui différaient certainement de celles de la période actuelle, mais qui sont encore l'objet de très-vives discussions entre les savants, les fleuves de glace descendaient à de grandes distances de la crête jusqu'à l'extrémité de vallées devenues de riches campagnes pendant l'époque actuelle. C'est ainsi que le glacier du Rhône, occupant de nos jours une simple gorge des montagnes du Valais, emplissait jadis tout l'espace compris entre les massifs de Finsteraarhorn et du mont Rose ; de chaque vallon latéral, de chaque combe qui s'ouvre à droite et à gauche dans l'épaisseur des chaînes, il recevait des glaces et des moraines de blocs. L'immense fleuve se développait ainsi jusqu'au bord du Léman, il le dépassait même, débordait dans les plaines de la Suisse jusqu'au Jura, et, par son extrémité inférieure, allait se réunir aux glaciers de l'Isère et de l'Ain. Un champ de 300 mètres de glace s'étalait à l'endroit même où s'unissent le Rhône et la Saône et où la ville de Lyon s'est construite depuis. Des pierres transportées par ce glacier se trouvent sur les pentes orientales du Jura, à diverses hauteurs et jusqu'à plus 1,600 mètres d'élévation au-dessus de la mer. Parmi ces blocs, dits *erratiques*, quelques-uns ont une masse de plusieurs milliers de mètres cubes.

Les Pyrénées, les Vosges, les Carpathes, l'Himalaya offrent, comme les Alpes, de nombreux témoignages d'une extension bien plus considérable de leurs glaciers, et nombre de montagnes, qui n'ont aujourd'hui que des neiges temporaires, comme les Vosges et les montagnes du centre de la France, avaient aussi leurs fleuves de glace. Bien plus, on a reconnu d'anciennes moraines à l'issue des vallées, sous des climats où la température est actuellement très-élevée, en Syrie, dans les Açores, dans la Colombie. Il a donc existé jadis une ou plusieurs périodes glaciaires pendant lesquelles les montagnes des régions du globe éloignées des pôles ressemblaient à celles du Groënland, recouvertes dans presque toute leur étendue d'une couche de glaces et de neiges.

Actuellement, les glaciers sont relativement très-rares dans les régions de la zone torride et des zones tempérées ; ils ne s'y produisent d'une manière constante et grandiose que sur les flancs des hautes cimes, tandis que sur les montagnes moins élevées, ils se forment à peine, dans les années très-neigeuses, au fond des ravins abrités du soleil. C'est uniquement dans le voisinage des pôles que les glaces deviennent le trait dominant de la nature. L'énorme glacier de Humboldt, sur les bords de la mer de Baffin, n'a pas moins de 111 kilomètres de large à son extrémité inférieure.

En Europe, les Alpes centrales sont le système orographique où les conditions nécessaires à la formation des glaciers se trouvent réunies sur le plus grand nombre de points; ce sont aussi les montagnes qui resteront à jamais pour les savants la région classique des glaciers, car c'est là que les de Saussure, les Charpentier, les Agassiz, les Rendu, les Forbes, les Tyndall, ont, de découverte en découverte, fini par révéler la théorie de la marche des glaces. Il y a dans les Alpes près de 1,100 glaciers dont la superficie totale, avec celle des champs de neige et des névés des Alpes, est évaluée par les frères Schlagintweit à 3,050 kilomètres carrés, soit au septième environ de toute la surface des grandes montagnes, du Pelvoux au Gross-Glockner. A eux seuls, les glaciers du mont Blanc ont 282 kilomètres carrés. D'après M. Huber, leur masse est d'au moins 14 milliards de mètres cubes représentant une quantité d'eau égale au débit de la Seine pendant plus d'un an. Les glaciers des Alpes descendent en moyenne à 2,260 mètres, c'est-à-dire à 500 ou 600 mètres plus bas que la limite inférieure des neiges persistantes; mais il en est qui atteignent les cotes de 1,500 et même de 1,100 mètres; le glacier inférieur de Grindelwald, celui des Alpes qui pénètre le plus avant dans les vallées, a eu sa grotte terminale située à 983 mètres seulement. Les glaciers de l'Himalaya s'arrêtent tous à une élévation plus grande que la moyenne des glaciers alpins, mais quelques-uns ont d'énormes dimensions à cause de la hauteur des montagnes et de la grandeur des névés qui les alimentent. Le glacier le plus long des montagnes de l'Inde, celui de Biafo, dans la vallée de Chiggar (Karakorum), n'a pas moins de 58 kilomètres de longueur, 34 kilomètres de plus que celui d'Aletsch en Suisse, et sa masse est au moins dix fois plus considérable. Quant aux Andes, elles sont relativement pauvres en glacier. Dans la région tropicale, leurs hauts sommets, dépassant 5,000 mètres, offrent à peine de faibles champs de glace : c'est dans le Chili méridional seulement que la chaîne ressemble aux massifs des Alpes par l'abondance de ses fleuves glacés.

V

Les eaux sauvages. — Fontaines intermittentes. — Sources artésiennes. — Sources thermales et minérales.

Excepté sous les climats du pôle, c'est de beaucoup la plus faible partie des eaux de l'atmosphère qui se fixe dans les glaciers et se maintient ainsi, pendant des années ou même des siècles, suspendue au-dessus des plaines sur le flanc des montagnes. La proportion de l'eau qui tombe des nuages sous la forme liquide est beaucoup plus considérable, et par suite remplit un rôle d'une importance relative bien plus grande dans l'économie du globe. L'eau de pluie ou de neige fondue, incomparablement plus rapide que les glaces dans son mouvement circulatoire, s'écoule aussitôt à la surface du sol, ou bien disparaît dans les profondeurs des roches, pour rejaillir plus loin en fontaines ou même pour continuer souterrainement son cours jusqu'aux abîmes de l'Océan.

Les pluies torrentielles qui tombent sur les pentes des monts, et même sur le sol plus ou moins incliné des terres basses, ont pour conséquence la formation de ruisseaux temporaires. Ce sont les eaux sauvages. Se précipitant par les chemins creux, les ravins et les dépressions du sol, elles le nettoient de tous les débris qui s'y étaient accumulés, emportent la terre végétale, les herbes et les broussailles, et labourent profondément leur lit lorsqu'il n'est pas de roche compacte. Ce sont de véritables agents géologiques, dont le travail d'un jour ou d'une heure contribue à modifier l'aspect du globe.

Si les terrains n'étaient point perméables, il n'y aurait pas de sources et toute la masse liquide apportée par les pluies et les neiges s'écoulerait à la surface du sol, comme le font les eaux sauvages. Toutefois la plus grande partie de l'humidité pénètre d'abord dans les profondeurs de la terre. Là, elle se purifie plus ou moins complétement des corps étrangers qu'elle avait entraînés, s'élève graduellement à la température des couches parcourues et se sature de sels lorsqu'elle en trouve de solubles sur son passage. Enfin, à la rencontre des couches imperméables, les eaux, ne pouvant pénétrer plus avant, reviennent à la surface et s'échappent en sources. Elles jaillissent surtout en grande abondance dans les vallées qui s'ouvrent à la base des montagnes ou même dans les plaines, au pied des hauteurs secondaires.

On peut dire d'une manière générale que le débit des sources varie avec l'abondance des pluies. Après les chutes d'eau extraordinaires, toutes les fontaines grossissent et débordent, à l'exception de celles qui, par la forme de leur lit souterrain, se refusent à livrer une quantité de liquide plus considérable. Parfois même il arrive, pendant les saisons exceptionnellement pluvieuses, que des sources jaillissent de crevasses presque toujours à sec et forment des ruisseaux temporaires : ce sont les *fontaines de disette*, les *fonts-famineuses*, les *bramafans* (crie-la-faim), ainsi nommées parce que les cultivateurs en voient l'apparition comme l'annonce redoutable d'une année trop humide pour leurs récoltes.

Les sources subissent d'autant moins l'influence directe des pluies et des autres météores, que les ruisseaux souterrains ont voyagé plus longtemps et à de plus grandes profondeurs dans l'intérieur de la terre. Tous les retards que le frottement des molécules liquides contre les parois rocheuses fait éprouver aux eaux de filtration et tous les temps d'arrêt qu'elles doivent forcément subir dans les lacs des cavernes ont pour résultat d'affaiblir dans les couches ce que les changements météorologiques ont de brusque à la surface ; dans ces profondeurs, les saisons finissent par ne plus avoir de limites précises et leurs effets se compensent. Les sources peuvent ainsi se régulariser et fournir durant toute l'année un débit ne variant que dans de faibles proportions. Pour un certain nombre d'eaux thermales, qui proviennent de fissures ouvertes à une profondeur très-considérable de la croûte terrestre, l'équilibre s'est tellement établi dans la masse liquide qu'on y reconnaît à peine les variations répondant aux diverses saisons.

Les fontaines qui étonnent le plus les populations sont celles qui, coulant avec abondance, interrompent brusquement leur cours pour reparaître soudain après un laps de temps plus ou moins long; on dirait qu'une invisible main ouvre et ferme alternativement une porte secrète donnant issue au ruisseau caché. La raison de ces phénomènes d'intermittence est désormais expliquée. Quand les eaux apportées par un mince filet se rassemblent dans une large cavité du rocher communiquant avec l'extérieur par un canal en forme de siphon, la masse liquide s'élève peu à peu dans la salle de pierre avant de jaillir au dehors : puis, quand le réservoir est rempli jusqu'à la hauteur du siphon, l'eau s'écoule librement en source en remplissant le diamètre entier du canal d'écoulement. Elle continue de s'épancher tant que la masse liquide enfermée n'est pas retombée au-dessous du niveau de l'orifice de sortie; mais alors l'écoulement cesse et il ne peut recommencer tant que la partie supérieure de la masse liquide, lentement renouvelée, n'a pas remonté jusqu'au point le plus élevé du siphon. Après une période de repos, la source entre dans une nouvelle phase d'activité.

Suivons par la pensée un filet d'eau de neige fondue descendant du haut des montagnes à travers les crevasses du sol jusqu'à plusieurs centaines ou milliers de mètres au-dessous de la superficie terrestre. Tant que cette eau ne rencontre pas de couche imperméable, elle ne cesse de plonger vers les abîmes inférieurs ; mais qu'elle soit arrêtée par un lit d'argile étanche ou par toute autre assise infranchissable, elle s'écoulera sur cette assise et en suivra les infléchissements. Là où la couche se reploie graduellement vers la surface du sol, ou même se redresse soudain, la nappe souterraine remonte dans le puits, afin de s'équilibrer avec les autres masses liquides qui continuent de descendre des hauteurs. Bien plus, en vertu de la loi qui force les liquides à chercher le même niveau dans les réservoirs communiquants, un jet ne peut manquer de s'élancer en source, dès qu'il trouve une issue en contre-bas des cavernes où se sont assemblées les premières eaux. En outre, si la partie du sol où s'opère le jaillissement est d'un niveau très-inférieur à celui des réservoirs d'alimentation situés en amont, le jet liquide doit nécessairement s'élever en colonne au-dessus de la surface du terrain.

Depuis bien des siècles déjà, l'absolue nécessité de trouver des sources dans les contrées arides a fait connaître aux peuples l'existence de ces nappes remontant des profondeurs de la terre. Dans les déserts de l'Égypte et de l'Algérie, les indigènes avaient appris, dès la plus haute antiquité, à forer des puits de 10, de 20 et même de 25 mètres au-dessus des veines liquides, et faisaient ainsi jaillir au milieu des sables des colonnes ascendantes d'eau déversant autour d'elles la vie et la richesse. Actuellement, grâce aux puissants moyens de recherche que l'industrie moderne a mis entre les mains des géologues, ce n'est pas seulement à une faible profondeur, mais c'est à plusieurs centaines de mètres qu'on perce les assises d'argile, de sable ou de pierre pour donner issue aux veines d'eau jaillissante descendues des monts ou des plateaux lointains. Un grand nombre de ces puits forés, dits « artésiens, » parce qu'on sait depuis longtemps les creuser dans le pays d'Artois, ont plus de 500 mètres. A Saint-Louis du Missouri, il en est un qui descend à plus de 800 mètres.

Dans toutes ces sources artésiennes, la température de l'eau est d'autant plus élevée que le puits est creusé plus bas au-dessous du niveau de la mer[1]; en moyenne, l'accroissement de chaleur est de 1 degré par 25 ou 30 mètres. Or, ces fontaines ne différant des sources naturelles que par le changement de direction donné à leurs eaux, les mêmes lois doivent s'appliquer à toutes les veines liquides, et l'on peut en conséquence reconnaître approximativement à la température d'une fontaine la profondeur à laquelle l'eau était parvenue dans l'intérieur de la terre. Sans crainte de se tromper, il est donc permis d'affirmer, d'une manière générale, que les sources froides, c'est-à-dire celles dont la température moyenne est inférieure à la chaleur du sol, descendent des hauteurs, et que les sources chaudes ou *thermales* proviennent au contraire des couches profondes. Ainsi les sources de Plombières, dont la température est de 65 degrés, auraient leur origine à 1,650 mètres au-dessous de la surface; celles de Chaudes-Aigues, qui n'offrent pas moins de 81 degrés de chaleur, sourdraient de couches situées à 2,100 mètres du sol.

Un certain nombre de sources thermales sont presque aussi pures que l'eau de pluie, mais la plupart contiennent des substances minérales en dissolution. Le calcaire surtout se présente, en proportions di-

[1] Voir ci-dessus, *la Forme de la Planète.*

verses, dans la plupart des fontaines, soit sous la forme de plâtre, soit plus souvent comme carbonate de chaux. Les eaux qui contiennent en dissolution de l'acide carbonique se chargent de molécules calcaires enlevées aux parois des roches traversées, puis en s'évaporant déposent les substances pierreuses qu'elles avaient dissoutes. De là toutes ces concrétions qui se forment autour d'un si grand nombre de fontaines et les curieuses stalactites des cavernes.

La silice, encore beaucoup plus importante que le calcaire dans la formation des roches terrestres, se dépose également sur le bord des sources, mais en quantité minime : seules, les fontaines, comme les geysers d'Islande, dont la température est très-élevée, peuvent dissoudre cette roche en proportion suffisante pour en déposer, autour de leurs bassins d'émission, des margelles d'une épaisseur considérable. Dans les fissures profondes où passent les eaux et les vapeurs brûlantes se forment plus facilement les dépôts quartzeux et les veines d'opale. C'est de la même manière que se déposent aussi dans les failles les cristaux des minerais, de l'étain et du plomb, de l'argent et de l'or. Les sources profondes sont donc de véritables Pactoles.

Parmi les substances minérales que certaines sources amènent d'une manière constante à la surface du sol, la plus importante au point de vue économique est le sel commun. Ce corps étant un de ceux qui se dissolvent le plus facilement dans l'eau, toutes les veines liquides qui passent sur des couches salifères se saturent : c'est par milliers et milliers de tonnes qu'il faut évaluer les masses de sel ordinaire s'échappant ainsi chaque année de l'intérieur des roches. En outre, les fontaines d'eau salée, utilisées pour le traitement des maladies aussi bien que pour l'extraction du sel, constituent l'un des groupes les plus importants des eaux médicinales. Suivant les diverses substances qu'elles tiennent en solution, les autres sources employées pour leurs vertus curatives ont été classées en sources ferrugineuses, en sources sulfureuses et en sources acidules. C'est au pied des monts et dans les hautes vallées, aux points de contact entre les roches anciennes et les formations plus modernes, que jaillissent la plupart de ces eaux, recueillies dans les établissements de bains.

VI

Rivières souterraines. — Entonnoirs. — Grottes et stalactites.

Dans les contrées dont les assises sont percées de cavernes larges et profondes, et surtout dans les pays calcaires, les eaux s'amassent parfois en quantités suffisantes pour former de véritables rivières au long cours souterrain. A leur issue des cavernes, ces eaux forment un contraste d'autant plus frappant avec les roches et les collines des alentours, que celles-ci, privées d'humidité, sont pour la plupart d'une aridité désolante, tandis qu'au bord de la rivière limpide se montre aussitôt la fraîche verdure des plantes et des arbres. Comme un captif joyeux de revoir la lumière, l'eau qui s'élance de la sombre grotte de rocs scintille au soleil et tourbillonne avec un clair murmure entre les berges fleuries. La Poik d'Adelsberg, en Carniole, est plus remarquable encore, car on la voit entrer dans la montagne par un vaste portail, puis sortir à 9 ou 10 kilomètres plus loin, après avoir reçu plusieurs affluents dans son cours souterrain. La Sorgues de Vaucluse est, de ces rivières cachées, la plus célèbre, et sans nul doute l'une des plus belles.

Nombre de cours d'eau ne reparaissent pas à la surface du sol après s'être engouffrés dans les profondeurs, et s'en vont directement à la mer par des canaux souterrains. Sur presque tout le pourtour des rivages continentaux débouchent des affluents sous-marins dont quelques-uns sont de véritables rivières. Les côtes de la Provence, celles de l'Algérie, de l'Istrie, de la Dalmatie, de la Floride, du Yucatan offrent de nombreux exemples de ces rivières. Sur les rives orientales de l'Adriatique, on peut même se donner le plaisir de contempler le delta d'un fleuve considérable, la Trebintchitza, se montrant à travers l'eau de la mer à un mètre de profondeur.

En amont des sources, le cours des ruisseaux souterrains est le plus souvent indiqué par une série de gouffres ou puits naturels ouverts au-dessus de l'eau courante. Les voûtes des grottes intérieures n'étant pas toujours assez fortes pour supporter le poids des masses surincombantes, elles doivent en effet s'écrouler çà et là, se tasser et laisser au-dessus d'elles d'autres vides où s'effondrent successivement les assises supérieures : les débris de la grande ruine sont ensuite déblayés par les eaux ou rongés molécule à molécule par l'acide carbonique contenu dans la masse liquide, et peu à peu tous les décombres de l'éboulis sont emportés. C'est ainsi que se forment, au-dessus des ruisseaux cachés, ces espèces de puits que l'on désigne dans chaque pays par les noms les plus divers : ce sont les *sinks* des États-Unis et de la Jamaïque, les *dolinas* de la Carinthie, les *catavothra* de la Grèce, les *pots*, les *entonnoirs* et les *creux* du Jura, les *embues*, *embucs*, *goules*, *gouilles*, *gourgs*, *gourgues*, *bétoirs*, *boittout*, *anselmoirs*, *emposieu*, *avens*, *sciales*, *ragagés*, *garagaï* de la France méridionale.

A une douzaine de kilomètres au sud-est des grottes d'où s'élance la Poik d'Adelsberg, s'étend une large plaine percée de plus de 400 entonnoirs. Pendant les fortes sécheresses, il ne reste d'eau que dans un seul des gouffres ; mais après les longues pluies, l'eau d'une rivière qui s'engloutit sous les roches au-dessus de la plaine monte en grondant de chacun des puits ; des torrents, échappés de tous ces cribles ouverts dans le sol, forment dans la grande enceinte entourée de falaises une mer aux eaux bleues et transparentes : c'est le lac de Jessero ou de Zirknitz, *lacus Lugens* des Romains. La superficie de la nappe s'étend en moyenne sur un espace de 6,000 hectares ; lors des grandes inondations, cet étrange lac temporaire que vomit la rivière cachée n'a pas moins de 10,000 hectares d'étendue.

Dans la plupart des grottes, encore traversées par des rivières ou déjà délaissées, les gouttelettes qui tombent de la voûte ou qui suintent des parois déposent des stalactites, c'est-à-dire des concrétions de carbonate de chaux. Certaines cavernes doivent à ce suintement continu de l'eau chargée de calcaire une décoration féerique de colonnades et de statues.

Telle est la grotte du Mammouth (*Mammouth's cave*), la plus grande caverne connue de la terre. On ne l'a point encore explorée dans toute son étendue, car c'est un véritable monde souterrain, avec son système de lacs et de rivières et son réseau de galeries sans nombre qui s'entre-croisent et se superposent. De l'entrée principale au fond de la caverne on ne compte pas moins de 15 kilomètres de distance, et les deux cents allées qu'on a parcourues dans ce prodigieux labyrinthe ont ensemble 350 kilomètres de longueur. Jadis la caverne du Mammouth a dû, comme nos grottes de France et de Belgique, servir de retraite à des peuplades sauvages, car on a trouvé, sous des couches de stalactites, des squelettes d'hommes d'une race inconnue.

VII

Les rivières. — Dénominations diverses des eaux courantes. — Détermination de la branche principale parmi les affluents d'un cours d'eau. — Bassins fluviaux et lignes de faîte. — Bifurcations de certains fleuves. — Diversité des cours d'eau unité des lois qui les régissent.

Les géographes ont discuté longtemps et discutent encore sur la valeur précise des noms qui servent à désigner les eaux courantes. Comment établir une distinction entre un fleuve et une rivière, entre une rivière et un ruisseau? Évidemment il n'existe pas de différence absolue, puisque tous les cours d'eau se composent également de masses liquides entraînées par leur propre poids sur un sol incliné. La seule différence relative qu'il semble facile de constater au premier abord consiste dans la plus ou moins grande quantité d'eau que renferme chaque lit. Mais ce ne peut être là qu'une appréciation variant de continent à continent et de pays à pays, suivant l'importance du réseau hydrographique. Tel fleuve d'Europe ne semblerait qu'un mince ruisseau et recevrait à peine un nom dans l'immense bassin des Amazones. D'ailleurs la masse liquide change selon les diverses saisons. Telle rivière des régions tropicales, très-abondante pendant la saison des pluies, tarit souvent en entier ou se transforme en une succession de mares durant les sécheresses.

La nature, dont tous les phénomènes sont la diversité même, ne fournissant pas de règle fixe pour la classification des cours d'eau, quelques géographes, désirant à tout prix introduire une apparence de hiérarchie dans les choses de la terre, ont donné le nom de fleuves aux masses liquides qui se jettent directement dans l'Océan, et réservent le nom de rivières aux simples affluents alimentés eux-mêmes par des tributaires de deuxième ordre et des ruisseaux. En vertu de cette distinction purement scolastique, l'Argens, la Seudre, la Leyre, ces petits cours d'eau de France, auraient droit au titre de fleuves, tandis que le Tapajoz et le gigantesque Madeira seraient de simples rivières. Les noms divers des eaux courantes n'ont donc qu'une valeur purement conventionnelle.

La principale difficulté que rencontrent les géographes systématiques est celle de déterminer dans chaque bassin la branche principale qui doit être considérée comme le fleuve par excellence, et dont tous les autres cours d'eau ne sont que des affluents.

En Algérie, au Pérou, dans la Nouvelle-Grenade et dans mainte autre contrée, cette difficulté n'existe pas, car la rivière porte un nouveau nom à chaque affluent considérable. Dans un certain nombre de cas, on peut aussi reconnaître sans peine à quelle artère du bassin fluvial appartient incontestablement la prééminence ; mais le plus souvent il est malaisé, ou même impossible, de se prononcer avec certitude sur cette question. Le savant qui s'occupe du travail ingrat de rechercher la maîtresse branche d'un fleuve doit tenir compte des éléments les plus divers : masse des eaux, longueur développée du cours, direction générale de la vallée, nature géologique du sol ; mais, quel que soit le résultat de ses investigations, il doit finir par se courber devant la toute-puissante tradition. C'est elle, et non la science, qui a nommé les fleuves ; c'est elle qui, par suite de mille circonstances tenant à la mythologie, à l'histoire des conquêtes ou de la colonisation, à l'agriculture, à la navigation, ou bien encore à des phénomènes naturels, s'est décidée, d'une manière arbitraire en apparence, à donner à tel ou tel cours d'eau la prééminence sur les autres rivières du même bassin. Il est trop tard désormais pour changer la nomenclature hydrographique.

D'ailleurs ce changement serait à peu près inutile, car la nature vivante ne s'accommode point de ces classifications rigoureuses dans lesquelles on voudrait l'enfermer. C'est par abstraction pure qu'on arrive à considérer un fleuve comme un être isolé. Il n'est en réalité que l'ensemble des rivières et des ruisseaux accourus de toutes les extrémités du bassin ; il réunit les millions de filets d'eau échappés aux glaces ou sortis des veines de la pierre; il se compose des gouttelettes innombrables qui suintent de la terre saturée de pluie ou couverte de neige. Le fleuve se renouvelle sans cesse, et tous les affluents ont leur part à cette œuvre de transformation. C'est la région d'écoulement tout entière, et non tel ou tel cours d'eau spécial, qui doit être regardée comme le véritable fleuve. Les noms de rivières contractés de ceux des affluents principaux sont donc les seules expressions géographiquement vraies. Tels sont, par exemple, les noms de la Somme-Soude, du torrent de Gyronde (Gyr, Onde), dans les Hautes-Alpes, et mieux encore celui du fleuve virginien Mattapony (Mat, Ta, Po, Ny).

Les hautes chaînes de montagnes dont les cimes se dressent dans le ciel au travers du chemin pris par les nuages et qui recueillent proportionnellement une plus grande part d'humidité que les plaines, donnent naissance aux cours d'eau les plus abondants; mais parmi les affluents naissants des fleuves il en est aussi qui commencent sur des plateaux uniformes ou dans un léger pli du terrain; il en est d'autres, notamment dans les grandes plaines de la Russie, qui sortent de lacs ou de marécages s'étalant en vastes nappes au centre de la contrée. L'arête ou « ligne de faîte » qui sépare deux versants, et de chaque côté de laquelle les eaux coulent en sens opposé, affecte dans son développement les formes les plus diverses. Le bassin d'un fleuve, c'est-à-dire l'espace que parcourent tous ses affluents, peut être circonscrit d'un côté par la crête hérissée d'une chaîne de montagnes, de l'autre par les molles ondulations d'une rangée de collines, plus loin par le renflement insensible de quelque plaine basse. En certains endroits on est même obligé de mesurer la hauteur du sol pour savoir exactement où s'opère ce que les anciens appelaient le « divorce des eaux. » D'ailleurs, même dans les montagnes, la crête ou ligne de plus grande élévation est loin de coïncider uniformément avec le faîte des terres qui séparent deux versants. Les monts offrent une telle variété dans leur forme première et les agents qui les rongent ont creusé leurs flancs de manières si diverses, que nombre de vallées ont précisément leur origine sur la pente opposée à celle du versant qu'ils vont arroser.

Plusieurs bassins fluviaux offrent un curieux phénomène. Les lignes de faîte, hautes chaînes de montagnes, plateaux ou marécages, qui séparent deux systèmes hydrographiques, sont interrompues par des brèches à travers lesquelles les eaux peuvent s'épancher d'un bassin dans l'autre. En arrivant à cette brèche, le cours d'eau, sollicité par une double pente, se bifurque en deux rivières coulant en sens inverse et parfois vers deux mers opposées. C'est ainsi que, dans le Venezuela, le haut Orénoque se partage en deux fleuves, dont l'un va se verser dans l'Atlantique, immédiatement au sud de la grande rangée des Antilles, tandis que l'autre, connu sous le nom de Cassiquiare, descend au sud-ouest vers le rio Negro, affluent des Amazones. La rivière qui recueille les eaux du bassin supérieur de l'Orénoque est donc tributaire de deux mers à la fois ; elle contribue à transformer toutes les Guyanes en une grande île, entourée d'un côté par l'Océan, de l'autre par un canal navigable à double pente. Ce phénomène de bifurcation se retrouve en proportions moins grandioses, dans plusieurs contrées de la terre, les unes montagneuses, les autres faiblement accidentées. Les plaines basses et marécageuses, notamment celles de la Russie centrale, offrent aussi un grand nombre d'exemples de ces épanchements des eaux vers deux bassins opposés.

Les fleuves de chaque contrée et leurs divers tributaires présentent les contrastes les plus marqués. Ils se distinguent par la longueur de leur développement, la sinuosité de leur cours, l'abondance de leurs eaux, la nature du terrain qu'ils parcourent, la couleur plus ou moins foncée de leurs alluvions, l'inclinaison générale de leur lit, l'ampleur et le nombre de leurs méandres. Ainsi, pour ne citer que le bassin d'un seul fleuve, on compte parmi les affluents du Mississipi la rivière Claire-Eau, la rivière Boueuse, les rivières Bleue, Verte, Jaune, Rouge, Noire, Blanche. Une diversité infinie, semblable à celle des arbres de la forêt, se montre dans les eaux courantes qui arrosent la surface de la terre; mais, quelles que soient l'importance et la variété d'aspect des diverses rivières, elles n'en sont pas moins régies par les mêmes lois. La différence est énorme entre l'immense fleuve des Amazones, qui est une mer d'eau douce, et tel faible cours d'eau que franchissent des ponts d'une seule arche et que les voyageurs passent facilement à gué; néanmoins, on peut décrire ensemble ces eaux courantes en faisant la monographie d'un fleuve idéal.

Tout courant d'eau tend constamment à régulariser sa pente, à l'augmenter là où elle est presque insensible, à la diminuer là où elle est trop rapide.

Le fleuve entier, de sa source dans les montagnes à sa jonction avec la mer, peut être assimilé à une avalanche s'écroulant du haut de quelque sommet neigeux. Les masses qui s'abîment dans les vallées, sollicitées par la force de pesanteur, modifient peu à peu dans leur chute la forme des escarpements. Les saillies sont abattues, les fissures sont comblées, un talus de débris gracieusement recourbé s'appuie sur les parois verticales et se prolonge en pente douce dans la plaine; à la suite de tous ces déblais et de tous ces remblais, l'ensemble de la vallée que parcourt la rivière finit

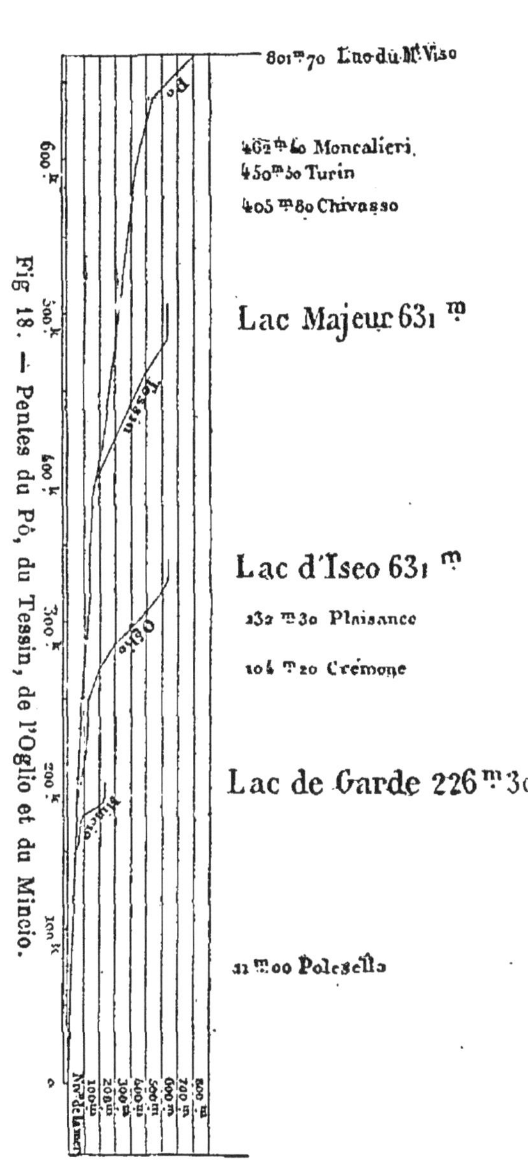

Fig 18. — Pentes du Pô, du Tessin, de l'Oglio et du Mincio.

par offrir un profil parabolique d'une grande régularité (fig. 18).

Les torrents des montagnes se distinguent des courants d'eau de la plaine par l'inégalité de leur lit, où les rapides et les cascades alternent avec les nappes tranquilles et les étroits défilés avec les vallons ouverts ; mais le travail de régularisation ne cesse de s'accomplir sous nos yeux. D'année en année et de siècle en siècle, le torrent déblaye d'énormes pans de montagne qui se sont écroulés roche à roche. En certains massifs, dont les roches se délitent facilement sous l'action des intempéries, il ne reste guère qu'un squelette des anciennes hauteurs qui se dressaient jadis vers le ciel, et le torrent, que n'obstruent plus les roches, prend les allures régulières d'un ruisseau des plaines ; mais dans les régions mêmes où les assises des monts sont de formation compacte et ne se laissent entamer que lentement par les eaux, on voit çà et là de larges trouées que les torrents ont graduellement ouvertes dans l'épaisseur du massif, et qui permettent aux eaux de s'épancher d'une manière moins inégale.

En abaissant les montagnes, les torrents travaillent en même temps à élever les plaines. A leur débouché dans les vallées presque horizontales situées à la base des escarpements, les eaux torrentielles éprouvent un brusque arrêt dans leurs mouvements et sont ainsi forcées de déposer en un long talus tous les débris qu'elles charrient ou roulent devant elles. Les masses d'alluvions grossières s'accumulent à droite et à gauche de leur cours, de manière à former une colline aux versants réguliers s'appuyant sur les escarpements de la montagne ; même là où le torrent plongeait jadis dans la vallée en rapides ou en cascades, il travaille à cacher peu à peu toutes ces inégalités de son ancien lit sous le talus grandissant des roches, des cailloux et du sable. A la profonde entaille de la vallée supérieure succède, et de manière à continuer la pente, un long remblai qui pénètre au loin dans la plaine.

Lorsque les torrents déversent leurs eaux, non dans une vallée basse, mais dans un lac, les débris qu'ils entraînent s'accumulent à l'extrémité supérieure du bassin lacustre en formant un talus rapide. Les blocs de pierres, les cailloux, les gros sables s'écroulent dans les profondeurs et forment au torrent

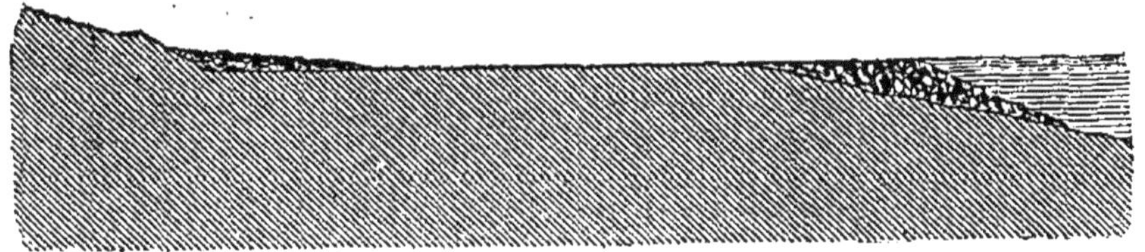

Fig. 19. — Talus des torrents.

une sorte de moraine frontale sans cesse en progrès sur les eaux paisibles ; les alluvions légères qui se trouvent en suspension dans la masse liquide, sont partiellement entraînées par le courant vers le milieu du lac, puis rejetées à droite et à gauche de l'embouchure et finissent par s'étendre en péninsules horizontales au-dessus de la masse accumulée des gros décombres (fig. 19). Ainsi le lit du torrent, précédé de son rapide talus de pierres, bordé de ses strates d'alluvions, empiète incessamment sur la nappe lacustre. Un grand nombre de bassins ont été ainsi comblés dans leur entier dans les hautes vallées des montagnes. A l'issue des lacs qu'ils traversent, les cours d'eau travaillent d'une autre manière à la suppression du bassin. Les eaux, sollicitées par leur propre poids, ne cessent de ronger les assises qui forment le rebord inférieur du lac : l'arête de ce rebord, graduellement érodée par la masse liquide, s'abaisse donc peu à peu, et le niveau moyen du réservoir lacustre est déprimé dans la même proportion. Ainsi le fleuve accomplit aux deux extrémités du bassin des travaux géologiques, contraires en apparence, mais ayant également pour résultat de réduire la superficie de la nappe d'eau qu'il parcourt. En amont, il exhausse graduellement son lit et gagne sur le lac en le comblant d'alluvions ; en aval, il

Fig. 20. — Disparition d'un lac.

abaisse le seuil, et, par ce déversoir incessamment agrandi, écoule peu à peu la masse liquide. A la fin les deux lits d'amont et d'aval se rencontreront à mi-chemin, et le lac aura cessé d'exister. L'aspect des campagnes qui s'étendent aux deux extrémités du Léman et de la plupart des autres grands lacs des montagnes montre d'une manière évidente comment s'accomplit ce double travail (fig. 20).

De même que les bassins lacustres, les cataractes tendent à disparaître. Quelle que soit la dureté des assises qui constituent le lit de la rivière, les eaux tourbillonnantes finissent par entamer la pierre et par user les corniches du haut desquelles plonge la masse des eaux. Entraînant les blocs dans leur chute et détruisant assise après assise, elles reculent incessamment vers la source du fleuve, et tendent à se transformer en de simples rapides, destinés à prendre eux-mêmes, dans quelques milliers d'années ou de siècles, une inclinaison parfaitement uniforme. Ainsi le Niagara, « cette mer qui tombe, » recule d'au moins 30 centimètres par an vers le lac Érié, qu'il finira par vider un jour pour le transformer en une plaine à pente régulière. Tel est, pour ainsi dire, l'idéal de chaque fleuve : supprimer les accidents de son cours et descendre vers la mer en une courbe non interrompue. Il est vrai que cet idéal n'est jamais atteint, à cause de la diversité des roches du fond, des changements du lit, des trépidations ou des soulèvements du sol et des accidents de toute nature qui peuvent faire dévier le courant.

VIII

Formation des îles. — Réciprocité des anses. — Méandres et coupures. — Rives directrices.

Ainsi les rivières ne cessent de détruire, comme tous les agents de la nature, mais c'est pour reconstruire aussitôt ; elles rongent incessamment les rochers pour en employer les débris à la formation d'îles sablonneuses. Lorsque, au milieu du courant, il existe un obstacle quelconque, les eaux, arrêtées brusquement dans leur course, se partagent en deux faisceaux liquides qui glissent respectivement le long des côtés antérieurs de l'écueil, puis, reployés par le courant, se heurtent de nouveau et déposent dans l'espace intermédiaire relativement tranquille les sables et l'argile qu'ils tenaient en suspension. Ainsi se forme un premier îlot destiné à s'accroître graduellement et servant de tête à une série d'autres îlots et bancs de sable qui font successivement leur apparition dans les nappes d'eau plus calme comprises entre les deux courants latéraux.

Les chaînes d'îles sablonneuses ou vaseuses se déposeraient toujours avec la plus grande régularité si le fleuve descendait en ligne droite vers la mer. Mais les inégalités du fond et des berges modifient diversement la direction du fleuve et lui font décrire une succession de courbes ou méandres, allongeant le développement du cours total. Une nouvelle loi, celle de la *réciprocité des anses*, se combine avec la *sériation des îles* pour embellir la surface et les contours de la rivière et lui permettre de remanier sans cesse le sol de la vallée en creusant son lit, tantôt d'un côté, tantôt de l'autre.

Il suffit d'une impulsion quelconque imprimée à la masse liquide pour rejeter le fleuve à droite ou à gauche. Les eaux viennent-elles à frapper contre une paroi de rocher ou tout autre obstacle placé en travers de la direction normale du courant, celui-ci rebondit de manière à former un angle de réflexion égal à l'angle d'incidence, et, sollicité à la fois par sa force d'impulsion et par la pente générale du lit, il s'infléchit de plus en plus pour décrire une courbe parabolique vers la rive opposée. Là ses eaux sont de nouveau réfléchies par la berge et reprennent obliquement leur course à travers le lit du fleuve. La première déviation une fois obtenue, le courant doit former une suite de méandres en vertu de la loi de réciprocité des anses, qui n'est autre chose que la loi du pendule. Chaque oscillation provoque une oscillation égale et isochrone en sens inverse ; chaque courbe provoque une autre courbe d'un égal rayon et d'une vitesse égale. Si l'économie du fleuve ne changeait par suite de la différente composition des terrains et de l'immense variété des obstacles de toute sorte qu'il rencontre, le courant ne cesserait de descendre vers l'Océan en formant des lacets aussi réguliers que les oscillations d'une boule suspendue.

La masse du courant qui vient frapper tour à tour contre les deux rives, les entame aussi et en modifie régulièrement la forme. Quand les eaux heurtent le rivage avec tout le poids que leur donne la force centrifuge du courant, elles déchirent le terrain, dissolvent les particules solides, entraînent les sables et pénètrent plus avant dans l'intérieur des terres. Repoussées vers la berge opposée, elles déchirent et fouillent encore le sol pour être rejetées de nouveau sur l'autre rive et y faire également leurs travaux d'excavation ; c'est ainsi que, par une loi d'équilibre, le courant affouille alternativement chaque bord, tandis que les alluvions se déposent sur les pointes intermédiaires des deux anses. Par suite de l'alternance des anses et des pointes, les méandres sont quelquefois presque entièrement annulaires ; l'embarcation partie de l'anse supérieure décrit une longue courbe avec le fleuve, et quand elle arrive enfin dans l'anse inférieure, elle se retrouve en vue du point de départ qu'elle a quitté depuis longtemps.

A force d'affouiller l'anse supérieure et l'anse inférieure en sens inverse l'une de l'autre, le courant

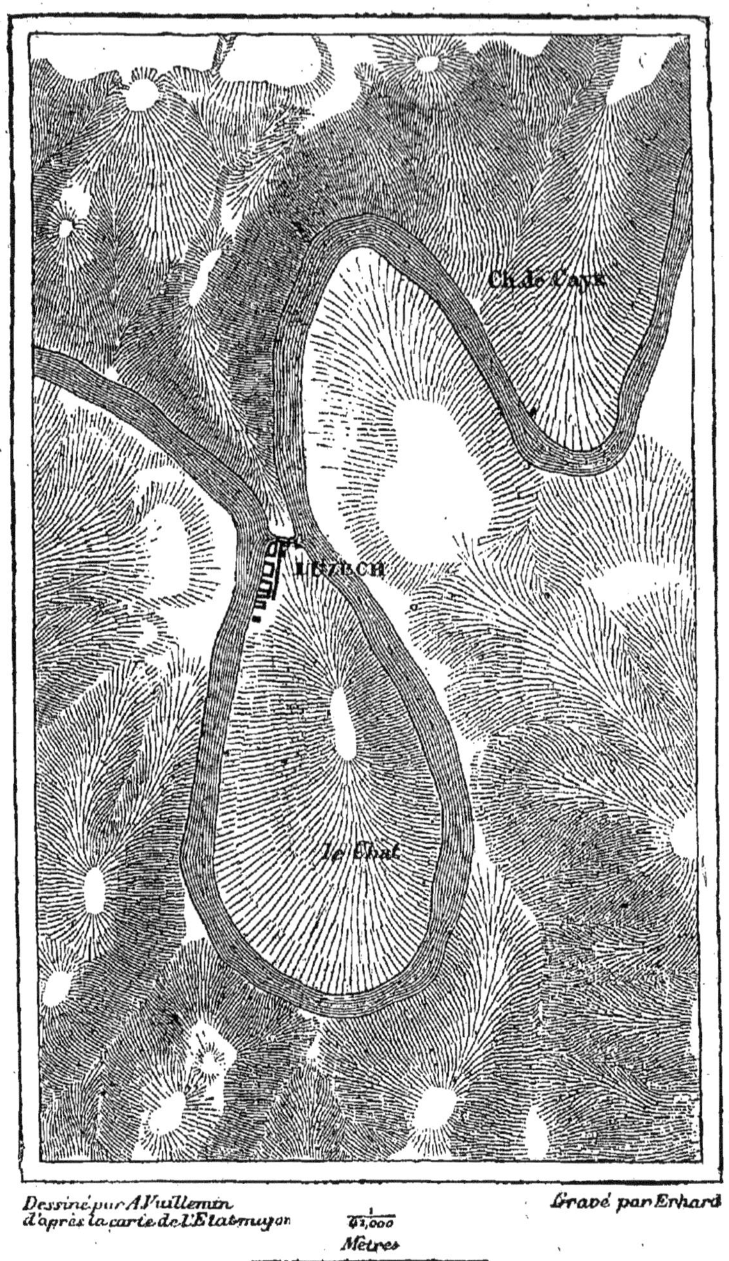

Fig. 21. — Méandre du Lot, à Luzech.

rétrécit constamment l'isthme ou *cou* qui rattache

encore la péninsule aux plaines environnantes (fig. 21) ; enfin le jour vient, où, l'isthme disparaissant, les deux anses se rejoignent, et le méandre du fleuve est devenu une ellipse parfaite. Alors presque toute la masse liquide se précipite en ligne droite le long de la pente rapide formée par la jonction des deux anses, tandis que l'eau restant encore dans l'ancien lit devient paresseuse et dormante, à cause du peu de pente que lui offre, relativement au nouveau passage, l'énorme courbe du détour. Des levées naturelles de sable et d'argile se forment peu à peu entre l'ancien et le nouveau lit du fleuve, de telle sorte que le méandre délaissé finit par n'avoir plus de communication avec le courant ; il est graduellement transformé en lac. Dans les bassins du Mississipi, des Amazones, du Gange, du Rhône, du Pô, on peut suivre des yeux comme trois fleuves, dont l'un, actuel et vivant, roule ses eaux sans interruption de sa source à la mer, tandis que les deux autres, l'un à droite, l'autre à gauche, sont devenus des « eaux mortes ; » leurs restes épars le long du fleuve actuel indiquent encore la place où jadis ils déroulaient leurs anneaux.

Le percement des isthmes fluviaux ne s'est pas toujours accompli par les seules forces de la nature ; nombre de canaux, réunissant deux anses de rivières, ont été creusés de main d'homme, et grâce au courant qui les approfondissait, ont remplacé d'anciens lits. Toutefois si des travaux d'endiguement ne consolident point les rives, le fleuve, privé de ses méandres, ne manque point de s'en créer de nouveaux, en vertu de la loi de réciprocité des anses. Le meilleur moyen de donner au cours d'eau des allures normales serait de construire sur les deux rives des jetées de forme parabolique ou *rives directrices*, sur lesquelles le courant principal pourrait

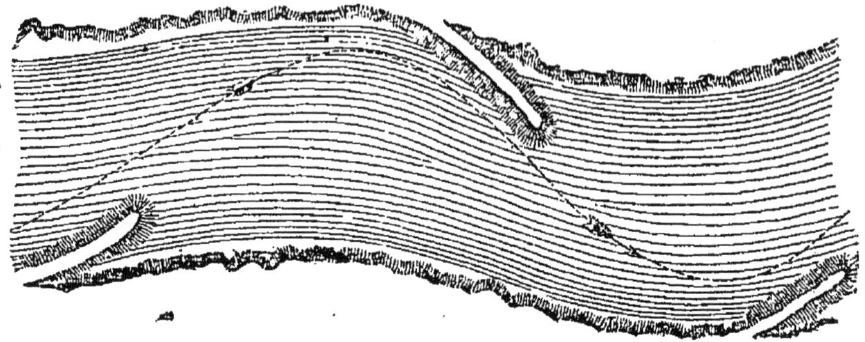

Fig. 22. — Rives directrices; d'après M. de Vésian.

s appuyer en toute saison, de manière à décrire sans obstacle la série normale de ses courbes serpentines (fig. 22).

IX

Crues régulières. — Embarras d'arbres. — Débâcle des fleuves du nord. — Inondations. — Moyens de les prévenir. — Reboisement. — Réservoirs. — Levées latérales.

L'abondance des pluies étant la principale cause du gonflement des rivières, les crues doivent nécessairement se produire dans tous les cours d'eau à l'époque des saisons pluvieuses. Dans les régions tropicales, où les zones de nuages et d'averses se déplacent régulièrement du nord au sud et du sud au nord pendant le cours de l'année, les oscillations du niveau des fleuves peuvent être, aussi bien que les saisons elles-mêmes, calculées et prédites d'après la marche du soleil sur l'écliptique. Lorsque cet astre brille au-dessus de l'hémisphère méridional et que les sécheresses règnent au nord de l'équateur, les cours d'eau de la zone tropicale du nord s'abaissent, ou même tarissent en entier. Durant l'hivernage au contraire, alors que le soleil a ramené vers le nord pluies et nuages de tempête, les ruisseaux, les rivières, les fleuves, se gonflent de nouveau et coulent à pleins bords. Les mêmes phénomènes s'accomplissent en ordre inverse dans l'hémisphère austral.

En dehors des tropiques, les rivières ont des oscillations moins normales dans leurs crues annuelles, puisque les pluies ne sont point distribuées avec la même régularité dans les diverses saisons. Toutefois un ordre incontestable ne cesse de se manifester chaque année dans la précipitation de l'humidité atmosphérique, et cet ordre se retrouve dans l'oscillation correspondante du niveau des fleuves. Dans les régions à pluies d'hiver, de printemps et d'été, comme le nord de la France, les crues ont lieu en général du 15 octobre au 15 mai; c'est uniquement à cause de la rapide évaporation qui se produit pendant la saison des chaleurs que les crues estivales sont très-rares. Dans les contrées méditerranéennes, où prédominent les pluies d'automne, les cours d'eau s'enflent vers la fin de l'année. Enfin, dans les bassins fluviaux qui, par la grandeur de leur superficie, appartiennent à la fois à plusieurs régions météorologiques, les oscillations de niveau qui se succèdent avec plus ou moins de régularité pour chacun des divers affluents se combinent de manière à former dans l'artère principale une nouvelle série de crues dont la marche générale peut être indiquée d'avance.

Dans l'Europe occidentale, les fleuves qui reçoivent à la fois des rivières alimentées par des eaux de pluie et des torrents grossis par la fonte des neiges et des glaciers, présentent dans leurs oscillations de niveau un phénomène de compensation. Les variations des rivières de plaine étant, suivant les saisons, précisément inverses des variations que subissent les tributaires descendus de la montagne, le niveau du fleuve reste à une hauteur à peu près normale. Les affluents d'eau de pluie diminuent de volume à l'époque où grossissent les affluents descendus des glaciers, c'est-à-dire en été ; en hiver et au printemps, au contraire, les glaciers ne donnent que très-peu d'eau, tandis que les pluies inondent la plaine et remplissent les rivières jusqu'aux bords ; c'est ainsi que la richesse d'un affluent fait équilibre à la pauvreté de l'autre. On a souvent cité l'exemple du Rhône et de la Saône ; pendant les chaleurs de l'été, celle-ci roule en moyenne cinq fois moins d'eau qu'en hiver. De son côté, le Rhône supérieur est beaucoup plus élevé dans la même saison ; mais en aval de sa jonction avec la Saône, la hauteur moyenne de ses eaux est à peu près la même dans toutes les saisons de l'année. Une compensation du même genre s'opère également entre les affluents d'eaux superficielles et ceux qui sont alimentés par des sources profondes. En effet, les ruisseaux qui parcourent les galeries souterraines des rochers ne peuvent descendre aussi rapidement dans les plaines que les cours d'eau dont tous les tributaires coulent à la surface du sol. Le profil des crues d'une rivière à sources nombreuses est toujours beaucoup plus régulièrement ondulé que celui des autres rivières.

La grandeur de l'œuvre géologique accomplie par les crues peut s'apprécier principalement sur les rives fluviales qui n'ont pas encore été mises en état de défense par le travail humain. Quand il déborde, le fleuve des Amazones forme en certains endroits, avec les marécages de ses bords, une mer de 100 ou même de 200 kilomètres de large ; quand elle commence à baisser, l'eau, rentrant dans son lit, mine en dessous les bords longtemps détrempés, les ronge lentement, et tout à coup des masses de terre de plusieurs centaines ou de plusieurs milliers de mètres cubes s'écroulent dans les flots, entraînant avec elles les arbres et les animaux qu'elles portaient. Les îles mêmes sont exposées à une destruction soudaine. Des prairies flottantes et de longs radeaux de troncs entrelacés passent au fil du courant, se nouent, se dénouent, s'accumulent autour des promontoires, s'entassent en étages le long des rives. Des milliers d'affluents de l'Amazone, du Mississipi et d'autres fleuves de l'Amérique, entièrement obstrués par les arbres entraînés, ont dû changer de lit. Récemment l'Atchafalaya et l'Ouachita, dans le bassin du Mississipi, étaient complétement cachés par des amas d'arbres sur une grande partie de leur cours; en plusieurs endroits on pouvait les traverser sans reconnaître qu'on franchissait des rivières; des broussailles et même des arbres croissaient sur ces masses flottantes. Un de ces enchevêtrements de bois, connu par les Américains sous le nom de grand radeau (*great raft*), obstrue toujours le lit de la rivière Rouge; en 1833, il n'avait pas moins de 200 kilomètres de longueur.

Les cours d'eau des contrées froides sont particulièrement redoutables dans leurs inondations de printemps à cause de la débâcle qui se produit alors. C'est un danger qui n'existe pas sur les bords des fleuves de l'Europe tempérée, à cause de la faible épaisseur des glaces d'hiver; mais les simples inondations sont déjà de terribles événements. Les riverains de la Loire se rappellent encore avec effroi les désastres que les grandes crues exceptionnelles ont causés et qui, dans une seule année, celle de 1856, ont emporté des routes et des ouvrages de défense pour une valeur de 172 millions de francs. Dans la même année, les dégâts furent à peine moindres pour la vallée du Rhône, noyée en certains endroits, notamment dans la Camargue, par un autre fleuve des Amazones. Le 10 septembre 1857, trois petits cours d'eau des Cévennes, le Doux, l'Erieux et l'Ardèche, qui d'ordinaire coulent paisiblement sur leur fond de rochers ou de cailloux et n'apportent au Rhône qu'une masse liquide d'une vingtaine de mètres cubes par seconde, déversaient dans le fleuve un volume total de 14,000 mètres, plus que le Gange et l'Euphrate réunis ne portent à la mer. On a vu le niveau de l'Ardèche s'élever de plus de 21 mètres au-dessus de son étiage.

Il est évident que l'homme ne peut rester ainsi sous le coup de la terreur, et qu'il doit trouver les moyens de prévenir les inondations. Depuis des centaines et des milliers d'années, et surtout pendant notre siècle d'activité industrielle, on a projeté et mis à exécution bien des plans de défense contre les débordements des fleuves; mais trop souvent, on n'a pas su tenir compte des lois hydrologiques et ces travaux sont restés inutiles ou même ont produit des résultats tout contraires à ceux qu'en attendaient les ingénieurs et les riverains. Le meilleur système est évidemment celui de prévenir le mal. Il faut employer tous les moyens que nous fournissent l'agriculture et l'industrie pour atténuer les crues et répartir le débit annuel du fleuve d'une manière plus régulière pendant les diverses saisons. Sur tous les escarpements et les plateaux élevés, les hommes ont a puissante ressource que leur offre le reboisement, car, ainsi que l'ont prouvé les expériences de M. Becquerel, il ne tombe sous bois, pendant les fortes pluies, que les six dixièmes de l'eau qui tombe sur le sol nu, et par conséquent l'eau, plus régulièrement tamisée, s'écoule plus également vers le fleuve; sur les penchants cultivés, comme ceux du Vivarais, de la Provence et des Alpes maritimes, l'ingénieur doit prolonger et consolider ces gradins qui s'étagent du haut en bas des montagnes et forment autant d'escaliers dont chaque marche retient les eaux de pluie; dans les vallées, il doit saigner le fleuve pour alimenter des rigoles d'arrosement et des canaux d'usines; enfin, dans les plaines inférieures, il lui faut border les rives de bassins de colmatage où les eaux viendront déposer les troubles qu'elles charrient. Le cultivateur ne devrait pas laisser perdre une goutte de cette eau bienfaisante qui, par l'irrigation bien entendue, peut doubler, décupler même les récoltes, et transformer le désert en un jardin. Il devrait en outre utiliser les alluvions, car, ainsi que le disait jadis le grand Torricelli, « les limons sont plus précieux que les sables d'or. » Quelques cours d'eau ont été ainsi heureusement muselés par les agriculteurs et changés en dociles agents de fertilisation : la plupart des rivières de la Lombardie, si redoutables jadis à cause de leurs crues soudaines ou *furie*, sont devenues un ensemble savamment agencé de canaux agricoles.

Chaque fleuve ayant son individualité propre, les travaux qu'ont à entreprendre les ingénieurs pour la répartition plus égale des eaux doivent être combinés d'une manière différente, suivant la forme et la capacité des cirques supérieurs, la rapidité du courant, la soudaineté des crues, la perméabilité des terres riveraines, l'étendue des forêts qui revêtent les pentes. Ainsi dans maint bassin fluvial, il serait facile de rétablir par des barrages d'anciens lacs ou « laquets » que les eaux traversaient autrefois et qu'elles ont graduellement comblés. Or, ces réservoirs sont de véritables régulateurs des crues, car l'eau qu'apportent les torrents doit les remplir avant de s'épancher au dehors, puis, quand elle s'étale sur toute la superficie de la nappe, elle perd en hauteur ce qu'elle gagne en largeur. L'eau de crue s'emmagasine pendant la période d'inondation pour être rendue aux campagnes inférieures pendant la période de sécheresse.

Mais il existe un grand nombre de fleuves où les eaux surabondantes des fortes crues arrivent en masses trop puissantes pour qu'il soit possible de les emmagasiner en amont, ou de les déverser latéralement sans ravager les campagnes. Il faut que les riverains se défendent par des ouvrages d'art contre la pression menaçante des flots. Jadis les Égyptiens du delta, plus avisés que ne le sont aujourd'hui la plupart des civilisés de l'Occident, bâtissaient leurs cités sur des monticules artificiels, supérieurs au niveau des crues annuelles. De même les habitants de certaines parties de la Hollande élèvent leurs demeures sur des terrains qui deviennent autant d'îles durant les inondations : c'est là le bon système, le seul qui ne soit pas un expédient temporaire et qui offre en même temps le grand avantage d'assainir le sol. Mais dans les pays récemment colonisés où le premier soin de l'homme est de protéger des habitations élevées à la hâte, on se borne d'abord à construire une digue circulaire autour de la ville ou du village : c'est l'enfance de l'art.

Lorsque les rives des fleuves sont couvertes de cultures auxquelles l'inondation soudaine serait fatale, comme en Louisiane, en Lombardie, en Chine et dans la plupart des pays de la zone tempérée, il faut élever des digues longitudinales sur les bords des rivières dont le niveau dépasse, à l'époque de la crue, celui des campagnes environnantes : emprisonnés entre leurs digues, les fleuves doivent abandonner leur marche errante pour descendre vers la mer par un canal tracé d'avance (fig. 23). Ce travail d'endiguement est parfois de nécessité absolue; mais si les constructeurs veulent éviter la rupture de leurs levées et les désastres qui sont la conséquence des *crevasses*, ils doivent calculer d'avance quelle est la masse liquide contre laquelle ils auront à lutter pendant les crues exceptionnelles et bâtir leurs remparts en matériaux assez solides pour qu'ils résistent sans peine à la pression latérale des eaux. Ils doivent

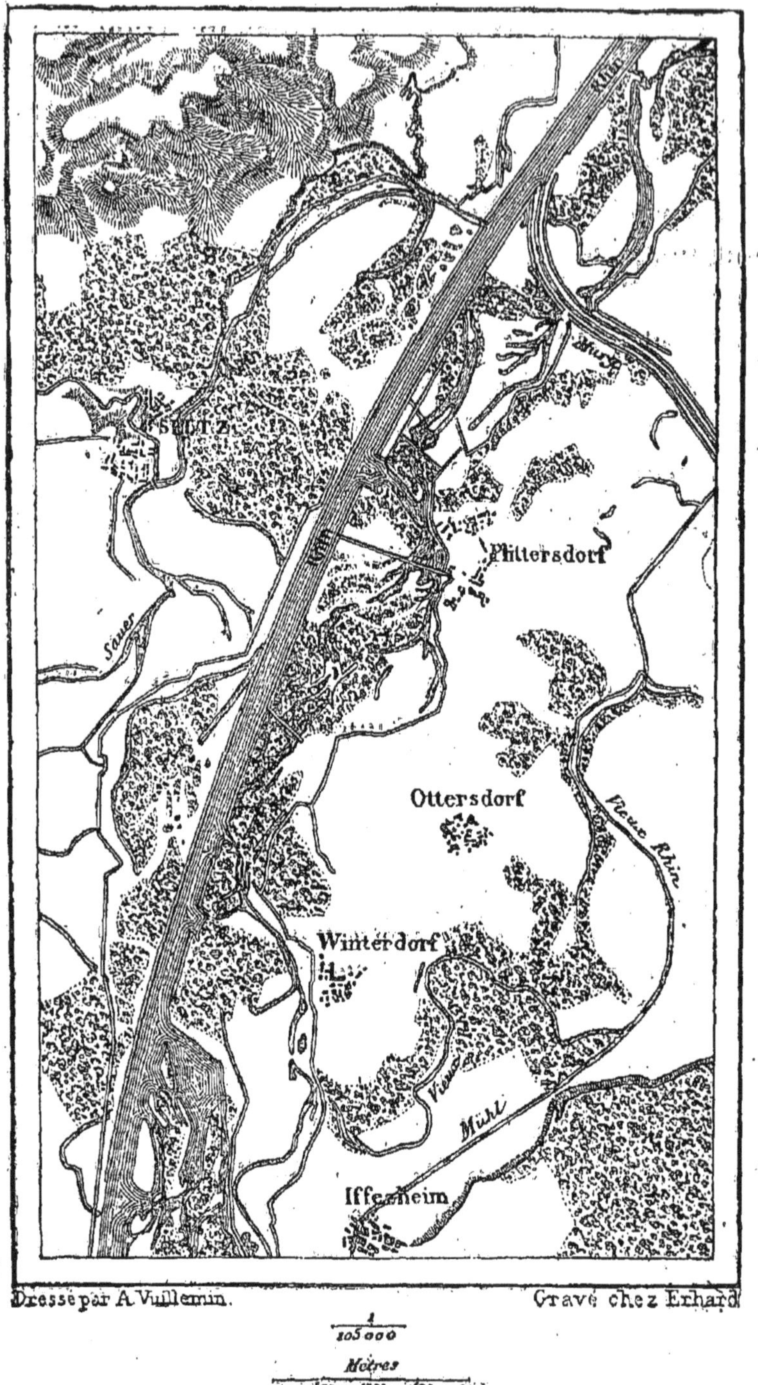

Fig. 23. — Digues du Rhin.

aussi donner aux levées une douce inflexion et laisser une assez grande largeur au fleuve endigué, afin que l'eau d'inondation ait l'espace nécessaire et s'écoule librement.

Les levées du Pô forment avec celles des fleuves hollandais le plus remarquable système de défense qu'on ait imaginé en Europe contre les inondations; mais elles le cèdent en importance à celles du Hoangho et aux digues en terre qui bordent le Mississipi sur une grande partie de son cours, et font l'admiration du voyageur par leur énorme développement. Sur la rive droite du fleuve, les levées constituent un mur de 1,800 kilomètres de longueur, interrompu seulement par les embouchures des rivières et quelques terres hautes. L'ensemble des levées du Mississipi et de ses tributaires atteint un développement d'au moins 4,000 kilomètres.

X

Bouches des fleuves. — Estuaires. — Flèches de sable. — Deltas. — Alluvions. — Déplacement du lieu de bifurcation. — Exhaussement du lit en amont du delta. — Embouchures errantes.

En approchant de la mer, nombre de fleuves écartent largement leurs rives de manière à former de véritables golfes, au travers desquels il serait impossible de tracer une limite précise indiquant l'embouchure. Lorsque ces baies ne sont pas d'anciennes indentations de la côte, elles doivent leur existence à l'action combinée du fleuve et de la mer qui rongent graduellement les berges; aussi les estuaires fluviaux se trouvent-ils en général sur les parties du littoral qui sont directement exposées à la force des marées et des tempêtes. Très-nombreux sur les bords de toutes les mers ouvertes et à fortes marées, notamment sur les côtes de l'Europe occidentale, ils sont relativement beaucoup plus rares dans les mers fermées au niveau presque invariable, telles que la Méditerranée, la Baltique, la mer des Caraïbes.

Si les vents et les courants agrandissent ainsi les bouches fluviales dans lesquelles ils poussent directement les flots, ils agissent d'une manière bien différente lorsqu'ils se propagent parallèlement à des rivages sablonneux, ou viennent les frapper sous un angle très-aigu. Alors les vagues de la haute mer, poussées obliquement contre la côte, lui arrachent de grandes quantités de débris, qu'elles vont ensuite porter devant les embouchures. Sous l'énorme pression de l'Océan, le courant du fleuve s'incline et se ploie graduellement dans le même sens que le courant marin, et laisse une pointe de sable se former en travers de son ancien lit. A la longue, une étroite péninsule, d'un côté plage marine, de l'autre berge fluviale, sépare l'eau douce de l'eau salée sur une distance de plusieurs kilomètres, et tantôt se prolonge, tantôt se fractionne suivant les divers changements de l'atmosphère, du courant et de la marée. On peut citer en exemple de cette formation des embouchures le cours inférieur du Sénégal, et celui de toutes les rivières des landes, appelés *courants* dans l'idiome local.

Une troisième disposition des bouches fluviales est celle que les Grecs avaient désignée sous le nom de *delta* (Δ), à cause de la forme presque partout triangulaire affectée par la plaine d'alluvions comprise entre les bras des cours d'eau et notablement entre les branches épanouies du Nil (fig. 24.) Cette plaine, dont le rivage maritime est projeté en dehors de la

1 / 3,174,000
Kilomètres
10 20 30 40 80

Fig. 24. — Delta du Nil.

ligne normale des côtes, n'est autre chose qu'un ancien estuaire graduellement comblé par les boues et les apports de toute sorte : aussi ne peut-elle guère se déposer que dans les parages où la houle, le courant et la marée ne bouleversent pas incessamment l'entrée des rivières : il faut que le cours du tri-

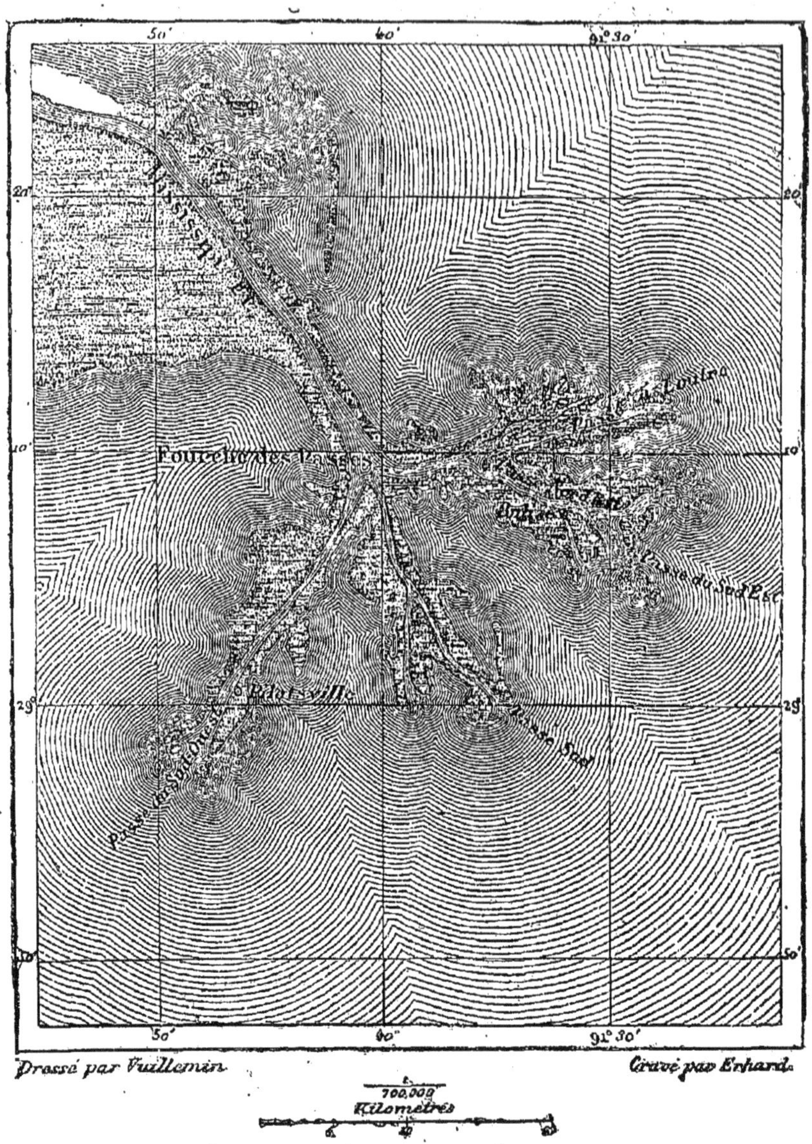

Fig. 25. — Bouches du Mississipi.

butaire y trouve des conditions analogues à celles des lacs tranquilles. Ce sont donc surtout les mers intérieures, à flux à peine sensible, telles que la Baltique, la Méditerranée, la mer de Chine, le golfe du Mexique, qui laissent les estuaires des fleuves s'emplir graduellement de limon. Cependant on peut citer plusieurs exemples de grands deltas fluviaux, existant à l'extrémité de golfes largement ouverts sur l'Océan; tels sont ceux du Gange, du Brahmapoutra, de l'Indus, du Niger. Quant au Mississipi, qui débouche dans un golfe à très-faibles marées, il se projette hors du continent comme un bras et s'avance de 100 kilomètres dans la mer pour étaler sur les eaux les branches de son delta, semblables aux doigts d'une gigantesque main (fig. 25).

Les deltas déjà formés, vastes plaines qui, suivant la belle expression d'Hérodote, sont les « présents des fleuves », témoignent de l'importance géologique des eaux courantes dans la genèse des continents. Le grand géographe allemand Carl Ritter a nommé *fleuves travailleurs* les cours d'eau qui déposent dans leurs deltas de fortes quantités d'alluvions et projettent leurs rives de plus en plus avant au milieu de la mer. Toutes les rivières, il est vrai, font leur part de travail; mais dans les grands deltas du monde, la terre empiète sur l'Océan comme à vue d'œil. Aux bouches de plusieurs fleuves, un aussi court espace de temps que celui de la vie d'un homme suffit même pour que la baie salée devienne une campagne, et le lit d'algues flottantes une forêt majestueuse. Toutefois les recherches faites jusqu'à nos jours ne permettent d'évaluer que pour un petit nombre de rivières la marche progressive du travail qui s'accomplit. On ne sait pas encore d'une manière positive de combien de mètres s'avancent en moyenne pendant chaque siècle les bouches des grands fleuves travailleurs, le Nil, le Gange, le Hoang-ho, le Mississipi.

C'est en Europe, on le comprend, et dans la contrée où depuis tant de siècles on s'est occupé le plus sérieusement de toutes les questions relatives à l'hydraulique et à l'irrigation des terres, que se trouve le delta fluvial le mieux connu. Ce delta est celui du Pô. Ravenne, qui jadis, comme une autre Venise, était bâtie au milieu de lagunes, et dont l'Adriatique baignait les murailles extérieures, est aujourd'hui située loin du golfe dans une plaine comblée par les alluvions du Pô. La ville d'Adria, antique *emporium* de la mer Adriatique, et qui lui a même donné son nom, est maintenant à 35 kilomètres de la pointe extrême du rivage. En 2,000 années le progrès annuel du delta a donc été de 17 mètres en moyenne ; mais de nos jours, la marche des alluvions est beaucoup plus rapide. Ainsi que l'ont établi les patientes recherches de Lombardini, le fleuve apporte annuellement 42,760,000 mètres cubes de limon, et prolonge le littoral de son delta de 70 mètres. Cet énorme travail accompli par un fleuve de troisième ordre s'explique par les endiguements qui forcent le Pô à transporter toutes ses alluvions à la mer, tandis que le Nil et le Gange, dont le delta se prolonge beaucoup plus lentement, se répandent lors de chaque inondation sur une grande étendue de terrains dont ils exhaussent le niveau.

Lorsque les embouchures des deltas sont laissées a elles-mêmes, la partie du fleuve où s'opère la bifurcation se déplace graduellement du côté de l'aval à mesure que les bouches se prolongent vers la mer. En effet, par sa force d'impulsion, le courant doit ronger sans cesse les deux rives de l'île qu'a formée le dépôt de ses propres alluvions. On voit un remarquable exemple de ce déplacement de l bifurcation des embouchures à l'origine du delta d'Égypte. Du temps d'Hérodote, c'est à Memphis que le Nil se partageait en deux branches ; de nos jours, il se bifurque en aval du Caire, à plus de 30 kilomètres du point où s'opérait le partage, il y a 2,400 ans.

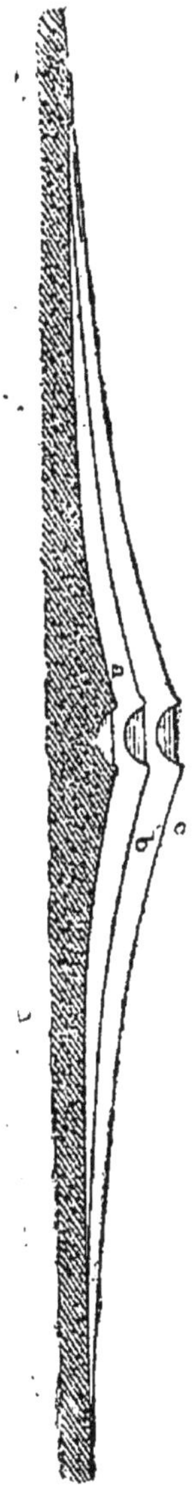

Fig. 26. — Exhaussement des lits.

L'allongement du delta a pour conséquence nécessaire d'exhausser en proportion et d'une manière constante le lit du fleuve en amont de l'embouchure. A mesure que la rivière projette ses bras plus avant, elle doit se ménager une pente assez considérable pour assurer le débit de sa masse d'eau ; or cette pente ne peut se produire que par l'exhaussement graduel du fond (fig. 26). Il est évident que cette élévation du lit fluvial en amont de l'embouchure s'effectuera d'une manière d'autant plus rapide, que les rives seront mieux protégées contre les inondations par des levées, car les alluvions doivent alors descendre jusqu'à la mer et prolonger les pointes extrêmes du delta.

Les fleuves à grandes crues, tels que le Nil, le Pô, le Mississipi, ont à l'époque des inondations un niveau supérieur à celui des campagnes riveraines, car leurs eaux sont retenues par un bourrelet d'alluvions qui se forme peu à peu sur les bords. Pendant la période de la crue, les nappes liquides qui se déversent par-dessus les berges sont retardées par mille obstacles : troncs d'arbres, touffes de plantes, remblais, palissades, constructions. Elles laissent en conséquence tomber sur le sol les troubles qu'elles contiennent ; avant de s'éloigner des rives pour s'épancher au loin dans les campagnes, elles sont déjà presque clarifiées. Il en résulte une élévation graduelle des berges et des terres adjacentes au-dessus du niveau général de la contrée. En amont

Fig. 27. — Coupe du Mississipi à Plaquemines.

de la Nouvelle-Orléans, l'inclinaison naturelle du sol, des rives du Mississipi aux marécages de l'intérieur, n'est pas moindre de 4 ou 5 mètres, et sur divers points cette forte pente est encore dépassée (fig. 27).

Par suite de l'élévation du cours des fleuves pendant les crues au-dessus de la surface des plaines environnantes, les bouches du delta se déplacent fréquemment : qu'une brèche se forme dans le bourrelet de la rive, aussitôt une partie considérable de l'eau courante s'échappe par cette ouverture et descend vers la mer par un nouveau lit qu'elle déblaye peu à peu en traversant les terres basses, les marais et les lagunes. C'est ainsi qu'ont diverses fois changé de place les embouchures du Nil, du Hoang-ho et du Mississipi.

XI

Barres des fleuves. — Travaux entrepris pour l'approfondissement des embouchures.

La plupart des fleuves qui se jettent dans les mers tranquilles ou sans marées, comme la Méditerranée ou le golfe du Mexique, sont obstrués à l'entrée par une digue de sable ou de vase à laquelle les marins ont donné le nom de *barre*. Ces bourrelets d'alluvions sont disposés en forme de croissant au large de l'embouchure, et, tournant leur convexité vers la haute mer, marquent l'endroit précis où se dresse la première lame de houle.

Au premier abord, l'origine des barres paraît très-facile à comprendre, surtout quand il s'agit de fleuves aux eaux chargées de limon. On s'imagine que le courant d'eau douce, arrêté soudainement dans sa marche par les eaux de la mer, laisse tomber aussitôt sur le fond les boues qu'il tenait en suspension, et forme ainsi peu à peu l'espèce de seuil qui se redresse entre le lit fluvial et l'Océan. Toutefois les choses ne se passent pas ainsi. La nappe d'eau douce, à peine retardée, continue son mouvement par-dessus les eaux salées qui viennent en sens inverse. Les troubles que le courant du fleuve laisse tomber sont repris par le contre-courant marin et ramenés vers l'amont. En même temps les alluvions plus lourdes qui descendaient vers la mer en glissant sur le fond du lit sont arrêtées dans leur marche, et mêlées au sable et aux innombrables restes organiques que poussait la vague ; un bourrelet grandissant de limon se forme devant le flot qui vient à la rencontre du fleuve. C'est ainsi que s'entassent peu à peu les amas de débris qui constituent la barre. Produit par le choc de deux courants opposés, cet obstacle se déplace en même temps que le théâtre de la lutte. En temps de crue, la force d'impulsion de la masse d'eau

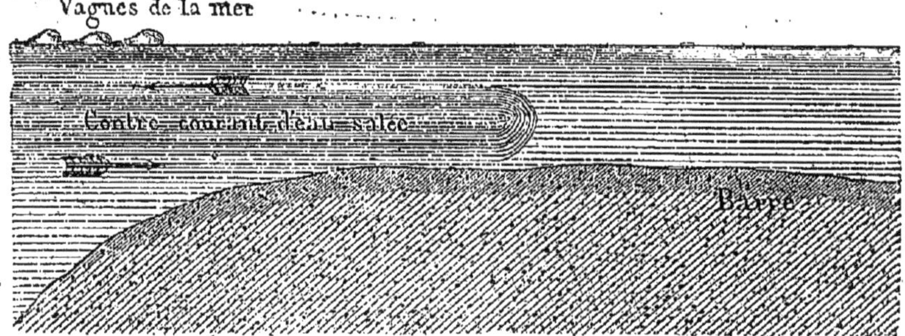

Fig. 28. — Coupe longitudinale de la barre du Mississipi.

douce devient assez grande pour enlever la barre tout entière et la transporter plus avant ; en revanche, lorsque les eaux du fleuve sont basses, c'est le flot marin qui reprend la prépondérance, et la barre est de nouveau repoussée vers l'amont. L'obstacle se déplace tantôt dans un sens, tantôt dans l'autre, et cherche sans cesse à se mettre en équilibre entre les deux forces contraires qui la sollicitent. On peut citer en exemple de ce mode de formation les barres du delta mississipien (fig. 28).

Il est des barres qui sont presque entièrement

l'œuvre de la mer : ce sont les digues de sable ou de gravier que les vagues dressent à l'entrée des fleuves dans les mers souvent bouleversées par de violentes tempêtes, ou soulevées chaque jour par de fortes marées. Le flot venu du large remonte au loin dans l'embouchure et force les alluvions fluviales à se déposer en bancs de sable ou de vase à une grande distance en amont de la barre proprement dite. Même les sables fins que les vagues de la mer jettent sur la barre ne peuvent y rester définitivement ; ils sont de nouveau soulevés par l'eau qui les apporta, et s'arrêtent seulement aux endroits où le mouvement des ondes commence à se calmer. Les sables lourds, les graviers, les galets que les vagues poussent devant elles sans les entraîner en tourbillons, sont les seuls matériaux qui servent à constituer la barre. Comme les digues de vase des fleuves à deltas, ce cordon de débris ne cesse de se déplacer, tantôt vers l'amont, tantôt vers l'aval, afin de trouver la ligne exacte où s'opère l'équilibre entre le flux et le reflux. Lors des crues du fleuve, la force des eaux descendantes reporte la barre plus au large ; lors de l'étiage, au contraire, la marée a de nouveau l'ascendant et repousse les sables plus avant dans l'embouchure. En France, c'est à la redoutable barre de l'Adour, composée en entier de gros sable et de gravier provenant des falaises d'Espagne qu'on a peut-être le mieux étudié ces divers phénomènes.

Les barres des fleuves, qui, de tout temps, furent un obstacle et un danger, sont actuellement beaucoup plus gênantes pour la navigation qu'elles ne l'ont jamais été, car le commerce ne se contente plus des faibles embarcations d'autrefois ; il lui faut des bâtiments portant dans leurs flancs de grandes quantités de marchandises, et déplaçant un volume d'eau considérable. Tel port de rivière, jadis le rendez-vous des navires, est de plus en plus délaissé à cause de la barre qui le sépare de l'Océan ; il n'est plus fréquenté que par les bateaux de cabotage, et la vie commerciale l'abandonne peu à peu. Aussi le creusement des embouchures est-il la question capitale pour certaines villes maritimes : qu'on parvienne à supprimer la barre, et ces villes augmenteront tout à coup en richesse, en population, en puissance ; que le bourrelet de sable reste fixé en travers du fleuve, et la cité marche vers une ruine certaine.

Le moyen le plus simple, et celui auquel on a toujours eu recours en premier lieu, afin d'abaisser le niveau des barres, est le dragage ; mais ce moyen est évidemment tout provisoire. Déplacer l'obstacle n'est pas le supprimer ; d'ailleurs les flottilles de bateaux que l'on pourrait employer sur les barres pour enlever les alluvions seraient toujours insuffisantes. Quand même elles seraient constamment à l'œuvre, il n'y aurait encore rien de fait, car l'intarissable Océan, qui est la grande source des sables, se chargerait de maintenir la barre : l'obstacle serait tout simplement déplacé.

C'est donc au système des jetées que les ingénieurs ont généralement recours afin d'améliorer l'embouchure des rivières. Ils l'ont employé pour la passe du Rhône, pour celles de l'Adour, du Mississipi, du Danube (fig. 29), espérant que la masse d'eau, resserrée dans un canal plus étroit, produirait une chasse assez violente pour nettoyer les passes jusqu'à une grande profondeur et permettre ainsi l'accès du fleuve aux navires d'un fort tirant d'eau ; mais il en est de cette amélioration temporaire comme de celle que produit le dragage ; une nouvelle barre se reforme au large, et pour la déplacer, il faut nécessairement

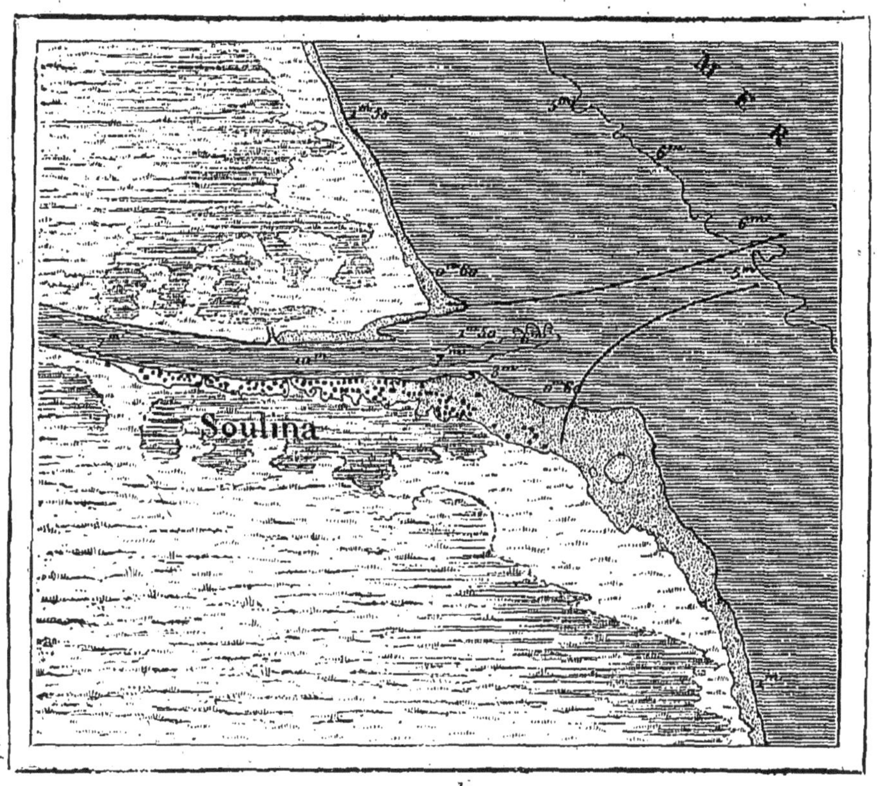

Fig. 29. — Jetées de la Soulina.

prolonger les jetées. Heureusement qu'en nombre de cas, il est possible de tourner les bouches fluviales dont on n'a pas su forcer l'entrée, et d'obtenir ainsi par des moyens indirects le tirant d'eau nécessaire aux grands navires ; il faut, pour cela, remplacer la passe naturelle par un profond canal qui évite l'embouchure et reste protégé contre les atterrissements par de grandes écluses. C'est là ce que l'on tente de faire actuellement pour le Rhône en creusant le canal de Saint-Louis. Cette voie navigable, longue de 4 kilomètres et large de 60 mètres, doit faire communiquer le fleuve avec le golfe de Fos, ainsi nommé sans doute d'un ancien canal de navigation creusé par Marius (*fossæ marianæ*); alors les vaisseaux calant 7^{m},50 pourront remonter jusque dans le Rhône, qu'évite soigneusement de nos jours la grande navigation, à cause du manque d'eau sur les passes.

XII

Déplacement des cours d'eau par suite de la rotation de la terre. — Masse liquide que les fleuves apportent dans la mer.

L'eau des rivières, comme celle de l'Océan et comme les vagues aériennes, subit l'influence des grandes lois astronomiques. En effet, les eaux courantes que la terre entraîne dans son mouvement diurne ne se comportent point comme des corps solides posés sur le sol. Tandis que ceux-ci, semblables à de simples aspérités de la surface terrestre, décrivent uniformément leur orbite journalière autour de l'axe central, les molécules fluides qui glissent sur la rondeur du globe traversent successivement diverses latitudes, et leur marche varie en conséquence. La vitesse de rotation étant tout à fait nulle sur les points mathématiques qui servent de pôles et s'accroissant peu à peu jusqu'aux régions équatoriales, où elle dépasse 450 mètres à la seconde, tout mobile qui se dirige d'un pôle vers l'équateur doit nécessairement rester en arrière du mouvement terrestre de plus en plus rapide qui l'emporte, et par conséquent dévier vers l'occident, qui est à droite dans l'hémisphère du nord, à gauche dans l'hémisphère du sud. De même tout corps qui se meut de l'équateur vers l'un des pôles devance, par suite de sa vitesse acquise, le mouvement tournant du globe et dévie fatalement à l'est, c'est-à-dire à droite encore dans l'hémisphère septentrional, à gauche dans l'hémisphère opposé. C'est là ce qu'ont rendu visible les célèbres expériences de M. Foucault sur le pendule du Panthéon ; c'est là, suivant la remarque de Herschel, ce que tout le monde peut constater facilement en faisant tourner rapidement sur eux-mêmes des globes suspendus à la surface desquels glisse un liquide coloré. Les vents alizés et tous les courants atmosphériques obéissent à cette loi de déviation, de même que le Gulf-stream et les autres fleuves de l'Océan, les boulets eux-mêmes sortis de la gueule du canon, et parfois, quand elles déraillent, les locomotives de nos voies ferrées. Cette loi s'applique également à tous les cours d'eau, et pourvu que la configuration du sol s'y prête, pourvu que les oscillations de la surface terrestre ou d'autres forces géologiques ne viennent pas la contrarier, elle fait régulièrement dévier les eaux, à droite du cours fluvial dans l'hémisphère du nord, à gauche dans l'hémisphère du sud.

On n'a que l'embarras du choix pour citer des exemples de fleuves qui modifient graduellement leur cours dans le sens indiqué par cette loi. Au sud de l'équateur, ce sont les affluents du gigantesque rio de la Plata, qui, après avoir nivelé à l'ouest l'étendue des pampas, rongent incessamment leur rive gauche. Dans l'hémisphère du nord, l'Euphrate, le Gange, l'Indus, le Nil, le Danube, la Vistule, l'Elbe, le Rhin, la Loire, la Gironde, le Tage, se déplacent incessamment vers la droite, ainsi que le prouve l'aspect général de leurs vallées. Mais c'est principalement dans la Russie d'Europe et d'Asie que les érosions des rives droites par les fleuves

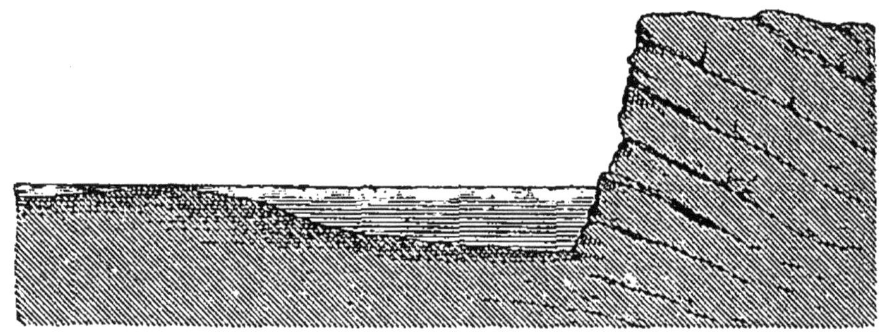

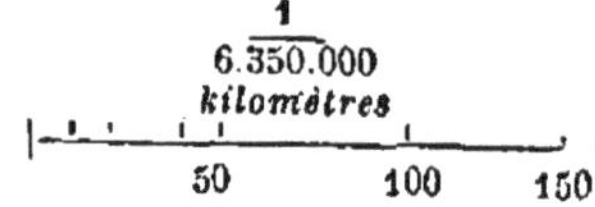

Fig. 30. — Rive d'amont et rive d'aval.

se prêtent aux études les plus intéressantes. Dans le Volga, l'Obi, le Jenisséi, la Lena, se trouvent en effet réunies toutes les conditions favorables : une longueur de cours considérable, de puissantes masses liquides qui peuvent balayer bien des obstacles, d'énormes crues accroissant périodiquement la force d'érosion du courant, des falaises composées d'un sol friable, enfin la forte courbure du globe, cause d'un changement rapide de la vitesse de rotation sous les diverses latitudes.

Le long de tous ces cours d'eau, la rive droite, que vient saper le courant, est presque toujours plus élevée que la rive gauche ou rive des plaines basses servant jadis de lit au fleuve. C'est là un fait tellement général, que les cartographes l'admettent comme un axiome et ne manquent jamais de dessiner la rive droite comme étant la plus haute et la plus escarpée (fig. 30).

Les fleuves renouvelant incessamment la masse liquide des mers, d'où les eaux reviennent ensuite par les nuages et les pluies dans l'intérieur des terres, il importe de connaître, au moins d'une manière approximative, la quantité de l'eau fluviale qui s'écoule à la surface du sol. On a depuis longtemps hasardé bien des hypothèses à cet égard; mais les données rigoureusement exactes manquent encore pour la plupart des cours d'eau, et ce n'est que par une série d'observations séculaires qu'il sera possible d'arriver à la connaissance de ce fait hydrologique, si important dans l'économie du globe. En additionnant les masses d'eau roulées par les fleuves qui ont été déjà jaugés dans les diverses parties du monde, surtout en Europe et dans l'Amérique du Nord, on ne trouve pour ces bassins fluviaux, comprenant environ 22 millions de kilomètres carrés, qu'un débit total plus ou moins approximatif de 185,000 mètres cubes par seconde

Réunis, ces bassins forment environ la cinquième partie de la surface terrestre dont les eaux s'écoulent vers l'Océan, de sorte que si la proportion de l'eau qui s'épanche dans la mer superficiellement au sol était partout la même, la masse liquide d'eau douce s'unissant par chaque seconde aux flots de l'eau salée serait seulement de 950,000, soit un million de mètres cubes. Si nous admettons que la profondeur moyenne des mers est de 5 kilomètres, la quantité d'eau que roulent actuellement les rivières superficielles des continents n'égalerait celle qui remplit les abîmes de l'Océan qu'après un laps de 5 millions d'années. En évaluant la moyenne du limon porté dans la mer à 1/3,000e de toute la masse liquide des fleuves, on trouve pour la quantité d'alluvions déposée par seconde aux embouchures des rivières une masse compacte de 333 mètres cubes, soit, par an, un bloc de 10,434 kilomètres carrés de surface et de 1 mètre de profondeur. C'est environ 10 kilomètres cubes, c'est-à-dire une quantité presque infinitésimale relativement aux abîmes de l'Océan.

XIII

Les lacs. — Leur distribution géographique et leur forme. — Lacs étagés. — Couleur des eaux lacustres. — Seiches. — Lacs d'eau douce et lacs salins.

Des amas d'eau, mares, étangs, lacs ou mers intérieures se forment dans toutes les dépressions du sol qui reçoivent, par les rivières ou par les pluies, une plus grande abondance de liquide qu'elles ne peuvent en épancher par leurs émissaires ou envoyer dans l'espace sous forme de vapeurs. L'eau s'accroît peu à peu dans le bassin jusqu'à ce qu'il soit rempli en entier et que le trop-plein se déverse par-dessus l'échancrure la plus basse du pourtour, ou bien jusqu'à ce que la nappe lacustre, graduellement élargie, offre une assez grande surface pour que l'évaporation fasse équilibre à l'apport des eaux.

D'ailleurs, l'égalité parfaite entre la masse d'eau reçue et celle qui s'échappe n'existe pour aucun lac, et par suite le niveau ne cesse d'osciller ; tantôt il s'élève, tantôt il s'abaisse, suivant les saisons et les années. Après les abats d'eau ou lors de la fonte des neiges, il est des mares qui se changent en lacs, de même que, durant de longues sécheresses, on voit des bassins s'assécher complétement. Certains lacs, comme le Neusiedl, en Autriche, et le Bebedero, dans la république Argentine, ont tout à fait disparu et les fonds naguère recouverts par les eaux sont désormais acquis à la culture.

Ainsi que l'indique d'avance le simple raisonnement, les lacs les plus nombreux et les plus étendus se trouvent dans les contrées où les pluies tombent en quantité considérable et dont la surface, assez faiblement accidentée, est cependant formée de roches compactes, ne permettant pas à l'eau de s'écouler dans les profondeurs et la retenant comme en des vasques naturelles. Telles sont la Scandinavie, la Finlande, Terre-Neuve et surtout les régions de l'Amérique du Nord, où se trouvent la méditerranée d'eau douce qui s'étend du lac Supérieur au lac Ontario, le Winnipeg, le Winnipegous, les lacs de l'Ours et de l'Esclave et tant d'autres nappes d'eau d'une moindre étendue : il y pleut moins, il est vrai, que sous la zone tropicale et même que dans la plupart des pays des zones tempérées ; mais le sol granitique retient dans les dépressions peu profondes l'humidité qui se précipite de l'atmosphère l'évaporation est peu active et les versants inclinés vers les différentes mers n'ont pas assez de pente pour que des fleuves nombreux puissent rouler vers l'Océan toutes les eaux surabondantes.

La forme des lacs est toujours en rapport avec le relief général du sol dans les dépressions duquel sont enfermées leurs eaux : leurs contours et le profil du lit s'harmonisent avec l'architecture continentale. Les eaux des terrains vaseux d'alluvions s'étalent en vastes marécages, et l'on ne sait pas même distinguer l'endroit précis où finit la terre, où commence la surface mouvante. Les nappes liquides des plaines basses, des déserts et des plateaux uniformes offrent des contours plus nettement indiqués ; mais, relativement à leur étendue, leur profondeur est peu considérable et la moindre oscillation de niveau modifie la ligne des rivages. Les lacs des régions accidentées sont d'ordinaire assez profonds en raison de leur surface et présentent des baies et des promontoires plus pittoresques et plus variés que ceux des nappes lacustres des plaines. Enfin, c'est au pied des hautes montagnes que les lacs se montrent dans toute leur beauté, et, comme les mers, ils sont en général d'autant plus creux qu'ils sont dominés par des promontoires plus escarpés. Ainsi les plus profonds des lacs de l'Europe centrale se trouvent précisément à la base méridionale des Alpes, qui, de ce côté, dressent leurs pentes les plus abruptes.

Dans la plupart des hautes vallées des montagnes, les lacs sont disposés en nappes étagées les unes au-dessous des autres comme sur d'énormes degrés, et sont réunies par d'étroits défilés où s'épanche en cascades l'eau d'un torrent. En exemple de cet étagement des lacs, on peut citer ceux d'Estom et d'Estom-Soubiran, dans une haute vallée pyrénéenne, près du Vignemale (fig. 31). Dans la Scandinavie, les lacs étagés se comptent par centaines et par milliers. Là, tous les fleuves, presque sans exception, sont, de leur source à leur embouchure, des enchaînements de lacs unis les uns aux autres par des rapides et des cascades : cours d'eau en voie de formation, ils ne se sont pas encore creusé de lits régu-

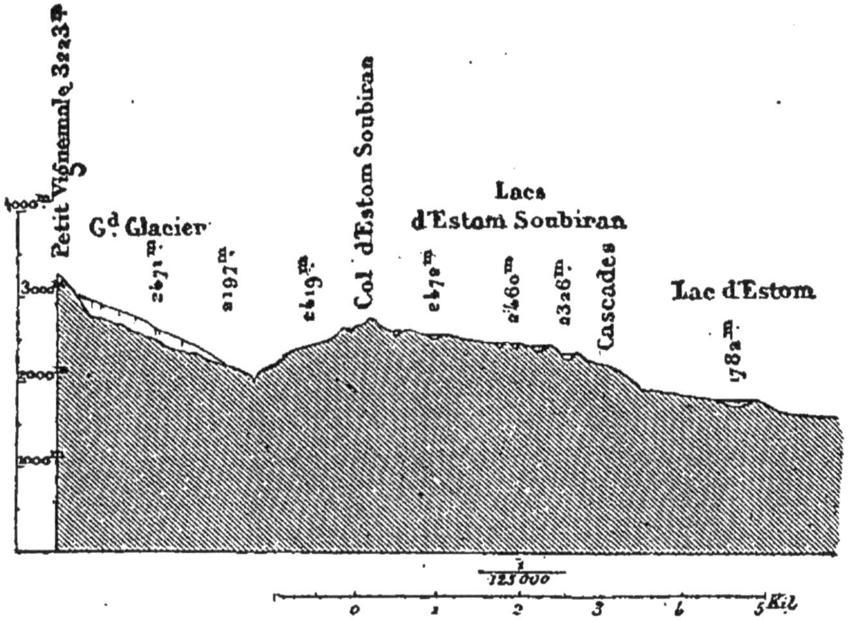

Fig. 31. — Lacs étagés d'Estom et d'Estom-Soubiran.

liers et s'épanchent dans toutes les dépressions naturelles du sol par d'étroites rigoles, ouvertes depuis que le sol de la contrée a fait son apparition au-dessus du niveau de la mer. Les terres la Scandinavie s'étant soulevées à une époque récente par un mouvement graduel d'émergence qui se continue encore aujourd'hui, les eaux fluviales n'ont pas encore eu le temps d'emplir de débris les lacs qui se trouvent sur leur parcours et de se percer de larges vallées à travers les roches [1].

Les lacs ne se distinguent pas seulement les uns des autres par la forme et la profondeur de leurs bassins, ils varient aussi par la couleur et la transparence de leurs eaux. Les uns sont verts, comme les lacs de Constance, de Zurich, de Lucerne; le lac de Côme est d'un vert sombre; le lac de Garde est célèbre par sa magnifique couleur d'un bleu de saphir; le lac Majeur, vert dans sa partie septentrionale, est d'un azur profond dans sa partie méridionale; d'autres lacs ont une nuance laiteuse; il en est même, parmi ceux dont l'eau est transparente, qui sont bruns ou jaunâtres. Tel lac, dont l'eau, non loin du bord, est d'un vert jaune à cause du fond de roches entrevu sous les ondulations de la surface, est d'un bleu profond au-dessus des abîmes invisibles de la partie centrale. Tel autre offre une différence de couleur bien tranchée entre les eaux tranquilles de son bassin et celles qu'entraîne le courant rapide du fleuve qui le traverse. Ailleurs encore, les remous font miroiter à la superficie des reflets bronzés ou verdâtres; enfin les molécules de poussière ou de limon, de même que les substances chimiques dissoutes dans l'eau, doivent nécessairement, quelle que soit du reste leur ténuité, teindre les nappes liquides de nuances diverses. L'humus des végétaux donne aux lacs une couleur plus ou moins foncée en rouge ou en brun; l'argile les jaunit; quant aux débris de roches et de cailloux, ce sont eux, suivant Tyndall, qui prêtent au Léman et à d'autres lacs de montagnes une si admirable couleur

[1] Voir, ci-dessous, les *Mouvements du sol.*

azurée. Les eaux les plus merveilleusement transparentes, et qui d'ailleurs sont aussi les plus pures de tout mélange, sont en général d'un vert glauque : on peut y voir parfois, dit-on, jusqu'à 25 et même 30 mètres de profondeur.

Tous les lacs longs et étroits, au-dessus desquels les variations atmosphériques se produisent souvent d'une manière soudaine et avec violence, offrent fréquemment de brusques oscillations de niveau : ce sont les *seiches* du Léman et les *ruhssen* du lac de Constance, que l'on remarque tantôt sur un point, tantôt sur un autre. Dans ces crues purement locales, l'eau peut s'élever tout à coup à quelques décimètres ou même à un mètre de hauteur au-dessus du niveau de la surface environnante. Schulten a prouvé que ces gonflements de l'eau sont en rapport direct avec la hauteur de la colonne barométrique. Quand la pression de l'air diminue, l'eau commence à monter, et quand le baromètre monte de nouveau, la surface de la mer s'abaisse. Or, l'écart total entre les diverses hauteurs de la colonne barométrique au niveau de la mer correspondant à une variation de 1 mètre environ dans une colonne d'eau, il en résulte que les seiches considérables doivent s'élever à peu près à cette hauteur. C'est en effet ce que les observateurs ont constaté; cependant il est des exemples, encore inexpliqués, de gonflements subits ayant dépassé un mètre.

Les lacs, qui sont de petites mers intérieures, doivent nécessairement offrir des phénomènes analogues à ceux de l'Océan; ils ont aussi leurs tempêtes, leur houle, leurs brisants, leurs convois de montagnes de glace et de banquises en miniature, leurs courants et même, bien qu'à un très-faible degré, leur flux et leur reflux. Il en est qui ont également la salure de l'Océan : ce sont les bassins fermés, desquels les molécules salines apportées par les tributaires ne peuvent s'échapper. Les lacs traversés par des rivières doivent être presque sans exception des bassins d'eau douce, puisque le sel est entraîné au dehors avec le surplus du liquide; mais à moins de ne recevoir que des affluents d'eau parfaitement pure de sel, les lacs dépourvus de toute communication avec la mer doivent se saturer peu à peu.

Du reste, la proportion du sel varie dans tous ces bassins intérieurs, et la transition est des plus graduelles entre la teneur des eaux dites douces et celle des eaux saumâtres ou salées. Il est même certains lacs, comme la Caspienne, dont le degré de salure offre le contraste le plus absolu dans les divers parages. Dans la partie de cette mer intérieure où débouchent le Terek, l'Oural et le Volga, la salure est très-faible, et dans plusieurs stations de poste où manquent les sources, on boit l'eau de la mer sans répugnance et sans danger. En revanche, il est un golfe de la Caspienne, celui de Karasu, où la salure de l'eau dépasse celle du golfe de Suez, la plus salée de toutes les mers qui communiquent avec l'Océan : dans cette partie de la Caspienne, la proportion du sel marin s'élève à près de 4 centièmes, et tous les sels réunis forment environ les 57 millièmes de l'eau, c'est-à-dire que la vie animale doit y être presque, sinon tout à fait supprimée.

La proportion des substances chimiques contenues dans l'eau de plusieurs lacs fermés diffère notablement de celle que l'on observe dans l'Océan. Ainsi dans la mer Morte, cet étrange bassin situé dans une fissure de la terre à un niveau inférieur de 393 mètres à celui de la Méditerranée, le chlorure de magnésium se trouve en proportions plus fortes que dans l'Océan et la quantité de brome y est relativement énorme, tandis que l'iode, ce corps dont la présence est si caractéristique dans les eaux des mers, paraît y manquer complétement. Le lac Van, dans l'Asie Mineure, contient surtout du sulfate de soude, qui, pendant la saison des sécheresses, alors que les eaux sont basses, tue les poissons apportés par les torrents tributaires. Le lac d'Ourmiah, dans le voisinage de celui de Van, est principalement remarquable par l'énorme quantité de sel marin qu'il tient en solution : sous ce rapport, il est dépassé seulement par les lagunes des déserts et des steppes où le sel est tellement concentré qu'il se dépose sur le fond en couches épaisses. Tel est, au nord-ouest de la Caspienne, le lac Elton, qui renferme plus de 29 pour cent de matières salines, et d'où l'on extrait chaque année 100,000 tonnes de sel sans que la teneur des eaux ait diminué d'une manière appréciable. En été, lorsque les plages restent à découvert, on les voit s'étendre à perte de vue comme un immense champ de neige.

XIV

Marais et tourbières.

Les marais proprement dits sont des lacs peu profonds dont les eaux stagnantes ou animées d'un très-faible courant sont, du moins dans la zone tempérée, remplies de joncs, de roseaux, de carex, et souvent bordées d'arbres aimant à plonger leurs racines dans un sol boueux. Sous la zone tropicale, la plupart des marais sont entièrement cachés par des multitudes de plantes ou par des forêts dont les troncs pressés laissent voir çà et là l'eau noire et dormante. Du reste, sous toutes les zones, il serait impossible d'établir une distinction quelque peu précise entre les lacs et les marais, puisque le niveau de ces nappes oscille suivant les saisons et les années, et que la plupart des lacs, principalement ceux des plaines, se terminent par des baies peu profondes qui sont de véritables marécages. De même plusieurs fleuves traversent dans une partie de leur cours des régions basses où se forment des marais, soit temporaires, soit permanents, dont les limites indécises changent incessamment avec le niveau du courant. C'est principalement aux bords des grands cours d'eau encore laissés à l'état de nature que l'on peut voir de ces réservoirs marécageux, destinés à disparaître tôt ou tard devant les progrès de la culture.

Les côtes faiblement inclinées de l'Océan sont aussi, sur de vastes étendues, recouvertes de marais que séparent en général de la haute mer des flèches de sable peu à peu élevées par les vagues et dont l'eau présente en teneur saline les proportions les plus diverses. Autour du golfe du Mexique et le long des rives atlantiques de l'Amérique du Nord, ces marécages marins forment une série continue sur des centaines et des milliers de kilomètres de longueur. Dans cette immense série de marais côtiers, on peut observer tous les genres de végétation qui marchent à la conquête de la vase et de l'eau pour les transformer en terre ferme. Au sud, sur les rivages de la Colombie et de l'Amérique centrale, ce sont les mangliers, les palétuviers et autres arbres d'espèces analogues, qui plongent dans la boue les pointes terminales de leurs racines aériennes entrecroisées en arcade et qui retiennent tous les débris de plantes et d'animaux sous l'inextricable lacis de leurs échafaudages naturels. Sur le littoral du golfe du Mexique, en Louisiane, dans la Georgie, dans la Floride, s'étendent les « cyprières » (*cypress-swamps*) ou forêts de « cypres » (*cupressus disticha*), arbres étranges dont les racines, enfouies en entier, projettent au-dessus de la couche d'eau qui recouvre le sol des multitudes de petits cônes chargés d'absorber l'air. Sur des millions d'hectares, presque toute la zone marécageuse du littoral n'est qu'une immense cyprière aux arbres presque dégarnis de feuilles et laissant flotter au vent leurs longues chevelures de mousse : çà et là, les arbres et le sol boueux font place à des baies, à des lacs, ou bien à des prairies tremblantes formées d'un tapis d'herbages reposant sur un sol toujours fangeux ou même sur des eaux cachées.

Au nord de la Floride, dans les Carolines et la

Virginie, la zone des cyprières se continue; mais, par suite du changement de climat et de végétation, les prairies tremblantes se transforment graduellement en tourbières. L'évaporation étant beaucoup moins active dans ces contrées que dans les pays situés plus au sud, l'eau séjourne, comme dans les pores d'une immense éponge, dans tous les interstices de la masse enchevêtrée des mousses, des sphaignes, conferves et autres plantes aquatiques. Le marais tout entier se gonfle vers le centre, parce que les gouttelettes, divisées par les innombrables tiges, ne peuvent s'épancher latéralement et sont attirées par la capillarité dans les nouvelles couches de plantes qui se forment au-dessus des plus anciennes. La surface du marécage est incessamment rajeunie par un tapis d'herbes verdoyantes, tandis que, dans les profondeurs, les plantes mortes et privées d'air se carbonisent lentement dans l'humidité qui les entoure : ce sont des lits de tourbe qui se forment sur le sol comme se sont formées les couches de houille dans les époques géologiques antérieures.

Du côté du sud, la première grande tourbière bien caractérisée est le *Dismal Swamp* (Marais Sinistre), qui s'étend sur les frontières de la Caroline du Nord et de la Virginie. Au nord, les tourbières proprement dites deviennent de plus en plus nombreuses, et dans le Canada, le Labrador et le reste de la Nouvelle-Bretagne elles recouvrent de vastes étendues de pays. Tout l'intérieur de l'île de Terre-Neuve, au dedans de l'enceinte que constituent les forêts du littoral, n'est qu'un labyrinthe, en grande partie inconnu, de lacs et de tourbières; même sur les flancs des collines, on aperçoit de ces marécages fortement inclinés dont l'eau disparaîtrait comme un torrent si elle n'était arrêtée par le tapis épais des plantes qu'elle sature. De l'autre côté de l'Atlantique, l'Irlande n'est guère moins remarquable par l'énorme développement de ses tourbières ou *bogs*. Ces prairies de plantes noyées comprennent la septième partie de l'île entière, proportion beaucoup plus forte que celle qu'on observe en France et dans les autres pays de l'Europe tempérée. On ne cesse d'en extraire, chaque année, des quantités considérables de combustible. Les vides laissés par la bêche dans la masse végétale se remplissent peu à peu de nouvelles couches, puis après une certaine période, qui varie suivant l'abondance des pluies, la profondeur de la couche d'eau, la force de la végétation et la pente du sol, la « carrière » de tourbe se trouve de nouveau formée.

Comme tout change et se modifie sans cesse dans la nature, les marais tourbeux, aussi bien que les lacs, se trouvent chacun dans une période d'accroissement ou dans une période de décadence : on en voit qui se forment, tandis que d'autres disparaissent. En Irlande, dans les Pays-Bas, dans le nord de l'Allemagne, en Russie, on découvre fréquemment les troncs pressés d'anciennes forêts de chênes, de hêtres, d'aunes et d'autres arbres qui sont morts pour faire place à la tourbe. Souvent aussi les sphaignes ont conquis un sol dont les hommes s'étaient emparés déjà, et l'on trouve en maint endroit des chemins, des restes de construction, des vestiges du travail humain au-dessous de la couche moderne de plantes qui les recouvre aujourd'hui. Certaines tourbières du Danemark et de la Suède peuvent être même considérées, à cause de l'abondance des trouvailles qu'on y a faites, comme des espèces de musées naturels où se sont conservées pour les savants de nos jours les reliques de la civilisation des anciens peuples.

CHAPITRE IV

LES MOUVEMENTS DU SOL

I

Les volcans. — Alignement des orifices sur les bords de la mer. — Hypothèses sur l'origine des éruptions. — Volcans marins.

La terre étant considérée d'ordinaire comme l'immobilité même, il semble étrange de la voir s'ouvrir pour lancer dans l'air des torrents de gaz et laisser couler les roches fondues de l'intérieur. De quelle source invisible proviennent ces matières fluides qui s'étalent en nappes sur de vastes régions ? D'où sortent ces énormes amas de vapeurs, assez considérables pour s'épaissir immédiatement en nuages autour des cimes et s'abattre parfois en véritables pluies diluviales ? D'après une ancienne croyance populaire, l'Etna ne ferait que vomir, sous forme de vapeur, les eaux que la mer a déversées dans le gouffre de Charybde. Cette légende est, sous une enveloppe poétique, l'hypothèse devenue presque incontestable des savants qui voient dans les éruptions volcaniques une série de phénomènes causés principalement par les eaux transformées en vapeur.

L'alignement si remarquable de tous les volcans sur les rivages de l'Océan ou des méditerranées de l'intérieur des continents est un des grands faits qui témoignent en faveur de cette opinion sur l'infiltration des eaux. Autour du Pacifique, qui est le réservoir principal des eaux de la terre, une série de montagnes ignivomes, les unes alignées en chaînes, les autres très-éloignées les unes des autres, mais offrant néanmoins entre elles une certaine connexité, s'arrondit en un cercle de feu, dont le développement total est d'environ 35,000 kilomètres. Comme un cratère, le grand cercle des montagnes développe son immense courbe à travers les flots du Pacifique, de la Nouvelle-Zélande à la presqu'île d'Alaska, tandis qu'à l'est il s'appuie sur le littoral de l'Amérique, et se redresse pour former quelques-uns des plus hauts sommets des Andes. Le principal fragment de cet anneau de feu est l'archipel de la Sonde, où 109 volcans en activité vomissent des laves, des cendres ou des boues, et qui peut être considéré comme le grand foyer des éruptions de la planète. Le Japon, le Kamtchatka, les îles Aléoutiennes, le Mexique, les régions de l'Amérique centrale et les deux rangées superbes des seize volcans de l'Ecuador font aussi partie du cercle immense, qui se continue même sur le continent antarctique, puisqu'on y voit se dresser les deux hauts volcans de l'Erebus et du Mount-Terror.

Au dedans de cet immense amphithéâtre, une multitude de ces îles charmantes semées en pléiades dans l'Océan sont également d'origine volcanique, et plusieurs d'entre elles sont signalées au loin par leurs cratères fumants ou flamboyants. Telles sont quelques-unes des Mariannes et les îles Gallapagos, qui renferment plusieurs orifices en activité et plus de deux mille cônes d'éruption au repos; telles sont surtout les îles Sandwich, dont les hauts volcans, le Mauna-Loa et le Mauna-Kea, se dressent au milieu du bassin central du Pacifique septentrional comme autant de cônes d'éruption au milieu d'un ancien cratère changé en lac. C'est sur les flancs du Mauna-Loa que s'ouvre le cratère bouillonnant de Kilauea, la source de laves la plus abondante qui existe sur notre planète.

Autour des autres océans et des mers intérieures, les volcans sont beaucoup moins nombreux que sur le pourtour et dans les îles du Pacifique; mais c'est également dans le voisinage des eaux marines que s'élèvent tous les cônes d'éruption, les volcans de Maurice et de la Réunion, ceux des Canaries et du Cap Vert, les vingt montagnes fumantes de l'Islande, le Vésuve, l'Etna, Stromboli, Volcano, et la rangée des Antilles volcaniques disposée à l'entrée de la mer des Caraïbes, précisément aux antipodes des îles de la Sonde. Quant aux deux volcans de la Mongolie, leur existence n'est point encore absolument prouvée; elle est même absolument contestée par le voyageur Szawerzof, qui voit dans les prétendues éruptions l'incendie de gisements de houille. Mais quand même ces monts, situés au centre du continent, seraient en pleine activité, ce qui est très-improbable, leurs phénomènes peuvent dépendre du voisinage de larges nappes d'eau, car précisément cette partie de l'Asie offre encore un très-grand nombre de lacs, reste d'une ancienne méditerranée, presque aussi vaste que celle de l'Europe. Quoi qu'il en soit, sur les 350 volcans actifs énumérés en diverses parties du globe, près de 300 s'élèvent autour de la mer du Sud ou même du milieu de ses eaux.

Si les volcans se trouvent en très-petit nombre à une distance considérable de la mer, en revanche, on en cite un grand nombre dont les éruptions ont eu lieu même au-dessous des flots. La mer de Sicile, l'Archipel grec, les parages de San-Miguel dans les Açores, la partie de la Caspienne qui entoure la péninsule d'Apchéron, les mers du Japon et les îles Aléoutiennes, les bas-fonds de la Sonde, les eaux qui entourent les archipels de Tonga et de Samoa, celles qui baignent la côte d'Islande ont été le théâtre d'éruptions sous-marines, et maintes fois des îles inattendues ont montré leurs cônes au-dessus de la mer. Quand ces îles étaient composées de laves compactes, comme l'île Georges, qui vient de surgir dans l'ancien cratère de Santorin, ou comme l'île de Saint-Paul, dans l'océan Antarctique (fig. 32), elles ont résisté à l'assaut des flots; mais les cônes de cendres meubles projetés par les volcans sous-marins en éruption ne peuvent se maintenir longtemps contre l'action érosive des flots, et, quelles que soient leurs dimensions, ils finissent par disparaître lorsqu'ils ne s'appuient pas sur des fondements solides déjà complétement émergés. On peut citer en exemple la célèbre île de Julia ou Ferdinandea, dont le cône de scories noirâtres apparut en juillet 1831, à une quarantaine de kilomètres au sud des plages de Sélinonte, en Sicile, et qui, moins d'une année après, n'était plus même un récif.

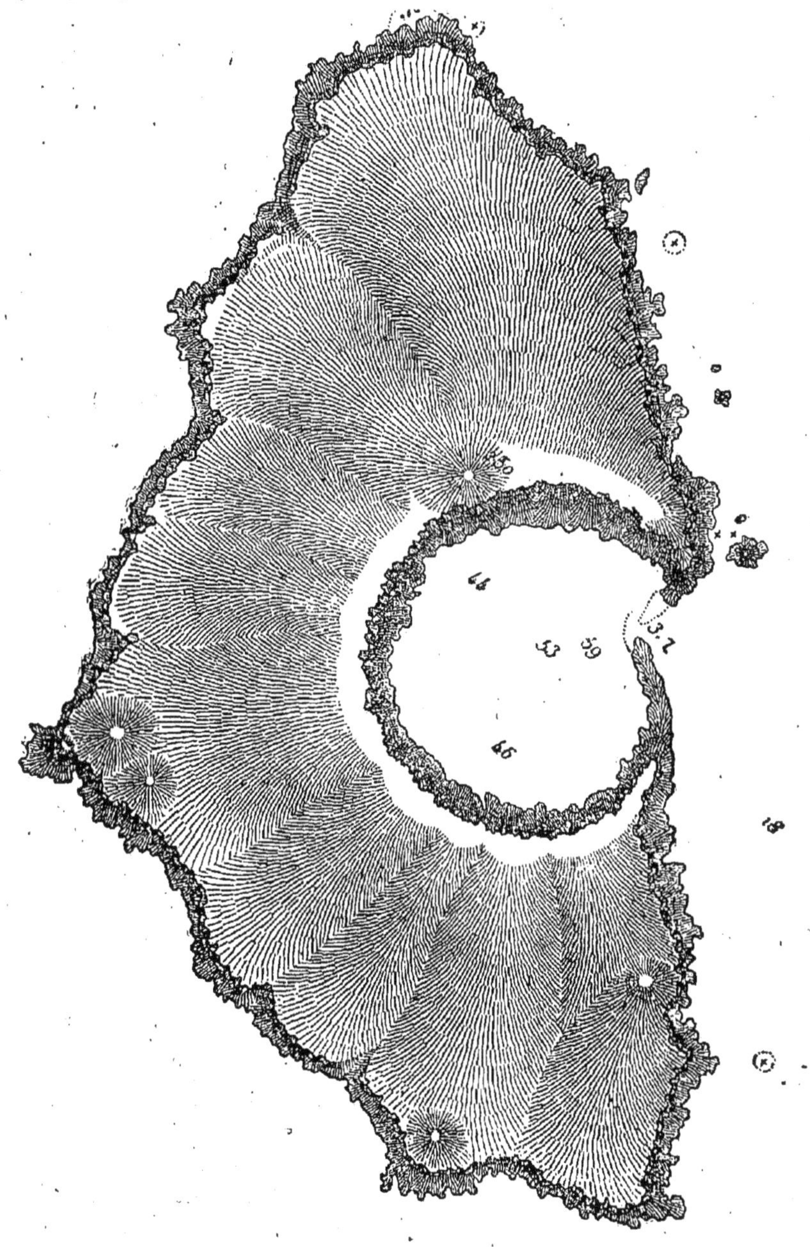

Fig. 32 — Ile de Saint-Paul.

Un des arguments les plus décisifs que l'on cite

en faveur de la libre communication des bassins maritimes avec les foyers volcaniques est tiré de la grande quantité de vapeur d'eau qui se dégage des cratères pendant les éruptions et qui, d'après M. Ch. Sainte-Claire Deville, composerait au moins les 999 millièmes de la prétendue fumée des volcans. Pendant l'éruption de l'Etna, en 1865, M. Fouqué tenta de jauger approximativement le volume d'eau qui s'échappait en forme gazeuse des cratères d'éruption, et trouva que, pendant cent jours, l'écoulement moyen était égal à celui d'un ruisseau permanent débitant 250 litres à la seconde. Dans les grandes éruptions volcaniques, il arrive fréquemment que ces nuages de vapeur, condensés subitement dans les hautes couches de l'atmosphère, retombent en pluies diluviales et forment des torrents temporaires sur les flancs des montagnes. L'Erebus des terres antarctiques se couvre de neiges qui viennent de sortir en fumées de son propre sein. Ainsi que l'a dit depuis longtemps un savant d'Allemagne, Krug von Nidda, les volcans doivent donc être considérés surtout comme d'énormes sources intermittentes.

Les diverses substances que produisent les cratères indiquent aussi que les eaux marines sont décomposées dans le grand laboratoire des laves. Le sel ordinaire ou chlorure de sodium, qui est le minéral contenu en plus grande abondance dans l'eau de mer, est celui qui se dépose le premier et en quantité la plus considérable autour des bouches d'éruption; parfois les scories et les cendres sont recouvertes sur de vastes espaces d'une efflorescence blanche qui n'est autre que du sel : on dirait un rivage de galets que vient d'abandonner la mer à son reflux.

Presque tous les autres éléments de l'eau de mer se retrouvent aussi dans les gaz et les dépôts des fumerolles. Ainsi que l'ont constaté MM. Ch. Sainte-Claire Deville et Fouqué, on peut observer dans toute éruption quatre périodes successives, à chacune desquelles l'exhalaison de certaines substances donne un caractère distinct. Or, la série de ces émanations est bien celle qui doit se produire par la décomposition de l'eau marine.

En pénétrant dans les crevasses de l'enveloppe terrestre, l'eau de la mer ou des fleuves augmente graduellement en température, comme les roches mêmes qu'elle traverse. On sait que cet accroissement de chaleur peut être évalué en moyenne, pour les couches extérieures de la planète, à un degré centigrade par chaque espace de 30 mètres en profondeur. D'après cette loi, l'eau descendue à 1,000 mètres au-dessous de la surface aurait, dans les latitudes méridionales de l'Europe, une température d environ 100 degrés; mais elle ne se transformerait point pour cela en vapeur, elle resterait à l'état liquide à cause de l'énorme pression qu'elle subit dans ces abîmes. D'après des calculs qui reposent, il est vrai, sur diverses données hypothétiques, ce serait au plus à 15 kilomètres au-dessous de la surface du sol que la force d'expansion de l'eau aurait assez d'énergie pour équilibrer le poids des masses liquides surincombantes et se transformer soudain en vapeur à la température de 400 à 500 degrés. Ces masses gazeuses auraient alors une tension suffisante pour soulever une colonne d'eau du poids de 1,500 atmosphères; toutefois si, par une cause quelconque, elles ne pouvaient s'échapper aussi vite qu'elles se sont formées, leur pression s'exercerait dans tous les sens et finirait par se transmettre de crevasse en crevasse jusque sur les roches en fusion qui se trouvent dans les profondeurs. C'est à cette pression sans cesse accrue qu'il faudrait attribuer l'ascension des laves dans les soupiraux des volcans, les tremblements du sol, la fusion et la rupture de l'enveloppe terrestre, et finalement l'éruption violente des fluides emprisonnés.

Quoi qu'il en soit, les observations directes faites sur les éruptions volcaniques rendent désormais fort douteux que les laves proviennent d'un seul et même réservoir de matières fondues, ou de ce prétendu foyer central qui remplirait tout l'intérieur de la planète. Des volcans très-rapprochés les uns des autres ne présentent aucune coïncidence dans leurs éruptions, et vomissent à des époques différentes les laves les plus dissemblables d'aspect et de composition minéralogique, ce qui serait évidemment impossible si les cratères étaient alimentés par la même source. Tantôt, comme en 1865, le Vésuve vomit des laves en même temps que l'Etna; tantôt il se repose alors que son puissant voisin est en pleine éruption, puis il se réveille quand les laves de l'Etna sont refroidies : rien ne peut donner un indice de quelque loi de rhythme ou de périodicité dans les phénomènes éruptifs des deux volcans. La lave peut monter jusqu'au sommet de l'Etna, à 3,300 mètres d'élévation, sans que pour cela des fleuves de pierre s'épanchent du Vésuve, du Stromboli et du Volcano, qui sont respectivement trois, quatre et dix fois moins élevés. De même le Kilauea, situé sur les flancs du Mauna-Loa dans l'île d'Havaii, ne participe en rien aux éruptions du cratère central, ouvert à 3,000 mètres plus haut et à moins de 20 kilomètres de distance. Les orifices volcaniques ne sont donc point des « soupapes de sûreté, » car deux centres d'activité peuvent se trouver sur une seule et même montagne sans que leurs éruptions offrent la moindre coïncidence.

Considéré d'une manière isolée, chaque volcan n'est autre chose qu'un simple orifice, temporaire ou permanent, par lequel un foyer de laves se met en communication avec la surface du globe. Les matières rejetées s'accumulent au dehors de l'ouverture et forment graduellement un cône plus ou moins régulier de débris, qui finit par atteindre des proportions très-considérables. Les coulées s'ajoutent aux coulées et forment graduellement l'ossature de la montagne; de leur côté, les cendres et les pierres lancées hors du cratère s'accumulent en longs talus; le volcan s'élargit et grandit à la fois : d'éruption en éruption, il monte enfin jusque dans la région des nuées, puis dans celle des neiges persistantes. Après avoir été au niveau du sol, lors de la formation du volcan, l'orifice se prolonge en cheminée au centre du cône, et chaque nouveau fleuve de laves qui s'épanche par le sommet accroît la hauteur de ce conduit. C'est ainsi que la bouche suprême de l'Etna s'ouvre à 3,320 mètres de hauteur au-dessus du niveau de la mer; le Ténériffe se dresse à 3,700 mètres; le Mauna-Loa d'Havaii a 4,250 mètres de hauteur; et, plus gigantesques encore, le Sangay et le Sahama des Cordillères atteignent 5,600 et 7,300 mètres d'élévation.

Cette théorie de la formation des montagnes volcaniques par l'accumulation des laves et des autres matières rejetées du sein de la terre, s'impose tout naturellement à l'esprit. La plupart des savants, depuis de Saussure et Spallanzani jusqu'à Virlet, Constant Prévost, Lyell et Poulett Scrope, ont été conduits par leurs recherches à l'adopter complétement; de nos jours, elle n'est guère plus contestée. Il est vrai que Humboldt, Léopold de Buch, et après eux M. Élie de Beaumont, avaient émis sur l'origine de plusieurs volcans, tels que l'Etna, le Vésuve et le pic de Ténériffe, une hypothèse toute différente, d'après laquelle ces volcans, dits de *soulèvement*, devraient leur architecture actuelle au redressement soudain des couches terrestres. Ces montagnes auraient été d'un jet soulevées par la tuméfaction du sol. Mais aucun de ces prodigieux soulèvements n'a été observé par les géologues ni même vu par un seul témoin oculaire; aucune des légendes inventées par la terreur de nos ancêtres sur la prétendue apparition soudaine de montagnes volcaniques n'a été confirmée depuis; enfin la structure même des cimes que l'on disait avoir surgi brusquement du milieu des plaines témoigne de l'accumulation graduelle de matériaux sortis de l'intérieur de la terre.

II

Nombre et disposition des orifices. — Formes des cônes volcaniques et des cratères. — Produits des volcans. — Laves, pierres ponces, basaltes.

La terre se fendant en général suivant une ligne droite lorsque les matières incandescentes cherchent une issue, les orifices volcaniques sont fréquemment disposés d'une manière assez régulière sur la longueur d'une crevasse, et les amas d'éjections se succèdent en rangées comme les hauteurs d'une chaîne de montagnes. Ailleurs, cependant, les cônes volcaniques se dressent sans ordre apparent sur un sol diversement fendu, comme si de grandes surfaces s'étaient ramollies dans tous les sens et avaient ainsi permis aux matières fondues de jaillir à l'extérieur, tantôt sur un point, tantôt sur un autre. De la ville de Naples, qui est elle-même construite dans une moitié de cratère en grande partie oblitéré, à l'île de Nisida, qui est un ancien volcan de forme régulière, les « champs Phlégréens » offrent un exemple remarquable de ce désordre des cratères : les uns sont parfaitement arrondis, les autres sont ébréchés et leur cirque est envahi par les eaux de la mer ; groupés pour la plupart en massifs inégaux, empiétant même les uns sur les autres et superposant leurs murailles, ils donnent à l'ensemble du paysage une apparence chaotique.

La forme normale des volcans dans lesquels s'est localisé le travail d'éruption est celle d'un talus de débris disposé circulairement autour de l'orifice de sortie. Que le volcan soit un simple cône de tuf, de cendres ou de boue haut de quelques mètres, ou bien qu'il vomisse des torrents de lave et se dresse au-dessus de la région des nuages, il n'en garde pas

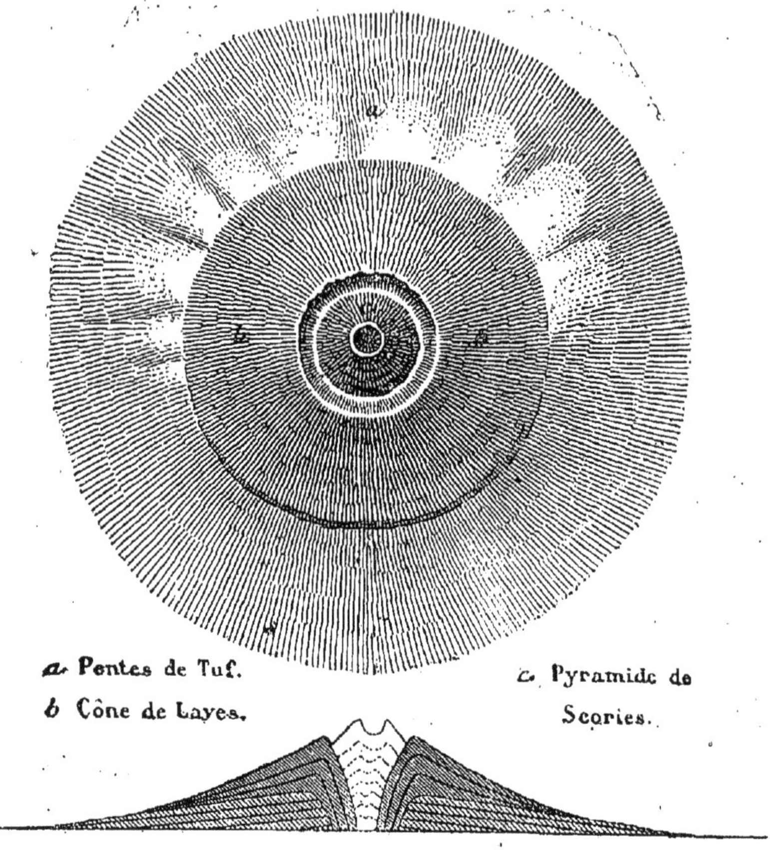

Fig. 33. — Plan et coupe du volcan de Rangitoto, dans la Nouvelle-Zélande; d'après F. de Hochstetter.

moins sa forme régulière, tant que le travail d'éruption se maintient dans la même cheminée et que les débris rejetés retombent par conséquent d'une manière égale sur les pentes extérieures. A la beauté du cône s'ajoute encore celle du cratère. Souvent cet orifice terminal mérite par la pureté de ses contours son beau nom grec de « coupe, » et l'harmonie de sa courbe contraste de la manière la plus gracieuse avec la déclivité des talus; dans nombre de volcans, la symétrie des lignes architecturales est si complète que le cratère enferme lui-même un cône placé exactement au centre de l'enceinte et percé lui-même d'un second cratère en miniature d'où s'échappent les vapeurs (fig. 33).

Les volcans où le travail d'éruption se déplace fréquemment, et ce sont les plus nombreux, n'ont point cette élégance de profil. Souvent la lave soulevée trouve une partie faible dans les parois du cratère; elle l'échancre d'abord, puis, labourant de tout son poids les roches qui lui font obstacle, elle finit par égueuler complétement le volcan et ne laisse debout qu'un pan de l'enceinte précédente. Le Vésuve est parmi les volcans d'Europe le meilleur exemple de ces cratères ébréchés : avant l'année 79, les escarpements de la Somma, qui entourent aujourd'hui de leur rempart semi-circulaire le cône terminal du Vésuve, étaient le véritable cratère : la moitié qui n'existe plus disparut pour ensevelir sous ses débris les villes de Stabies, d'Herculanum et de Pompéi (fig. 34).

Les laves sont les produits les plus importants des foyers volcaniques. Très-différentes les unes des autres par leur apparence extérieure, la couleur de leur pâte et la variété de leurs cristaux, toutes les espèces de laves sont composées de silicates d'alumine ou de magnésie, unis au protoxyde de fer, à la potasse, ou à la soude et à la chaux. Lorsque les minéraux, feldspathiques dominent, la roche, généralement blanchâtre, grise ou jaunâtre, reçoit le nom de trachyte ; lorsque la lave contient en abon-

1/150.000
Kilomètres.
0 1 2 3 4 5

Fig. 34. — Le mont Vésuve

dance des cristaux d'augite, de hornblende ou de fer, elle est plus lourde, d'une couleur plus foncée et souvent plus compacte : cette formation prend la dénomination générique de basalte. De nombreuses variétés diversement désignées par les géologues appartiennent à ce groupe. La pierre ponce, semblable à certaines scories blanches, jaunes ou verdâtres qui sortent en écume de la fournaise de nos usines, est, comme le trachyte compacte, de nature feldspathique. Des montagnes en sont presque entièrement formées. Tel est le monte Bianco de Lipari, qui de loin semble être couvert de neige.

La fluidité plus ou moins complète, la présence plus ou moins considérable de bulles de vapeur donnent à des roches composées des mêmes éléments les contextures les plus diverses. La pierre ponce a l'apparence de l'éponge, l'obsidienne a celle du verre noir et parfois même elle est semi-transparente. Tout à fait liquide, elle sort comme un fleuve de l'intérieur de la terre, s'écoule rapidement sur les talus très-inclinés et se coagule lentement en larges nappes dans les bas-fonds et sur les pentes douces où l'entraîne son propre poids.

Un moindre degré de fluidité dans le courant de lave lui donne parfois l'aspect de la résine : c'est là ce que l'on nomme le *pechstein* (pierre à poix). Lorsque la roche sortie en fusion du sein de la montagne est encore plus refroidie, elle renferme d'innombrables cristaux tout formés et ne doit plus sa fluidité qu'aux particules de vapeurs contenues dans ses pores. Aussi la couche extérieure des laves est-elle presque immédiatement recouverte de scories qui nagent comme des glaçons sur le torrent embrasé. Ces scories elles-mêmes affectent toutes les formes : les unes sont mamelonnées, les autres hérissées d'aspérités, d'autres encore sont un véritable chaos. Dans l'archipel Sandwich, dans l'île de la Réunion, certains cristaux se groupent, au sortir du cratère, en herborisations des plus curieuses et quelquefois très-élégantes. D'autres produits du volcan de Mauna-Loa et de Kilauea ressemblent à de l'étoupe de chanvre : ce sont des filaments blanchâtres que le vent emporte et que les Kanakes considéraient autrefois comme les cheveux de Pele, la déesse du feu.

Parmi les anciennes laves basaltiques, il en est un certain nombre auxquelles on réserve plus spécialement le nom de basalte, et qui présentent une disposition columnaire d'une étonnante régularité : ce sont des monuments énormes, qui semblent avoir été construits par des Titans. En Irlande, sur la côte d'Antrim, les sommets de 40,000 prismes, nivelés assez régulièrement par les flots de la mer et semblables à un vaste quai pavé, ont reçu le nom de Chaussée des Géants (*Giants' Causeway*); en Écosse, la belle grotte de l'île Staffa, ouverte par le choc des vagues entre deux rangées de fûts basaltiques, est célébrée comme l'œuvre du demi-dieu Fingal; dans la mer de Sicile, les îles des Cyclopes ou Faraglioni, situées non loin de Catane, à la base de l'Etna, sont considérées par la tradition comme les rochers lancés par Polyphème sur les navires d'Ulysse et de ses compagnons. Près de la Chaussée des Géants, quelques-uns des fûts engagés dans la falaise à pic du promontoire ont près de 120 mètres d'élévation. En revanche, il existe aussi des colonnades en miniature dont chaque fût n'a que 2 ou 3 centimètres de la cime à la base : on en voit des exemples dans les basaltes de la colline écossaise de Morven. D'ailleurs, il n'y a dans cette formation des colonnades de lave aucun phénomène qui soit spécial au basalte. Le trachyte aussi affecte parfois cette forme, de même que les masses de boue desséchées au soleil, les alluvions des fleuves, les nappes de colmatage, les bancs d'argile ou de tuf et en général toutes les matières que la perte de leur humidité fait passer de l'état pâteux à l'état solide. En effet, la masse entière, perdant graduellement l'humidité qui la gonflait, ne peut se contracter de manière à déplacer à la fois toutes ses molécules pour les rapprocher du centre commun ; certains points restent fixes et c'est autour de chacun d'eux que s'opère la contraction d'une partie de la masse. La plupart des prismes du basalte, aussi réguliers que s'ils étaient taillés de main d'homme, sont de forme hexagonale ; d'autres, qui se trouvaient probablement dans des conditions moins favorables, ont quatre, cinq ou sept faces.

III

Sources de laves. — Crevasses latérales des volcans. — Eruption et marche des laves.

Il est quelques petits volcans d'une faible élévation, comme le Stromboli, dans la mer Tyrrhénienne, et l'Isalco, dans l'Amérique centrale, où l'on peut observer à son aise le bouillonnement des laves. Quand on se place sur le rebord le plus élevé du cratère, on voit à une centaine de mètres plus bas les flots d'une matière éblouissante comme le fer fondu qui s'agitent et tournoient incessamment; ils se gonflent en forme d'ampoule, puis font explosion en lançant dans l'espace des tourbillons de vapeur accompagnés de fragments solides. De temps en temps, la masse tout entière remonte jusqu'à la gueule du cratère et s'épanche sur les déclivités du cône. Presque tous les volcans très-élevés se débarrassent du trop-plein des laves en entr'ouvrant leurs parois par des crevasses latérales. En effet, la colonne de matières fondues que la pression des gaz de l'intérieur soulève dans la cheminée du cratère pèse d'un poids énorme, et chaque millimètre d'ascension vers la bouche terminale représente une dépense de force prodigieuse. Aussi la masse de laves qui monte des profondeurs et qui fait équilibre à une pression de plusieurs milliers d'atmosphères, peut-elle plus facilement fondre et briser les parties faibles de ses parois que monter encore de centaines ou de milliers de mètres pour s'extravaser par-dessus les rebords du cratère suprême. Cédant à la pression intérieure, le flanc de la montagne s'entr'ouvre et donne passage aux laves, par de larges et profondes crevasses qui sont toujours sensiblement verticales, et se continuent dans la direction du sommet ou même jusqu'à la bouche du volcan.

A la source même, le torrent de lave est entièrement fluide et coule avec une considérable vitesse, quelquefois supérieure, surtout sur les pentes rapides, à celle d'un cheval au galop. En 1868, on l'a vue s'élancer des flancs du Vésuve d'un élan de 6 mètres par seconde. Mais bientôt la marche de la pierre incandescente se ralentit et le liquide, éblouissant de lumière, se recouvre de scories brunes ou rouges comme celles du fer sorti de la fournaise. Ces scories se rapprochent, se rejoignent, ne laissent bientôt plus entre elles que d'étroits soupiraux, à travers lesquels s'échappe la matière fondue, puis forment une croûte qui se brise incessamment avec un bruit de métal et se consolide peu à peu en un véritable tunnel autour du fleuve de feu : c'est la

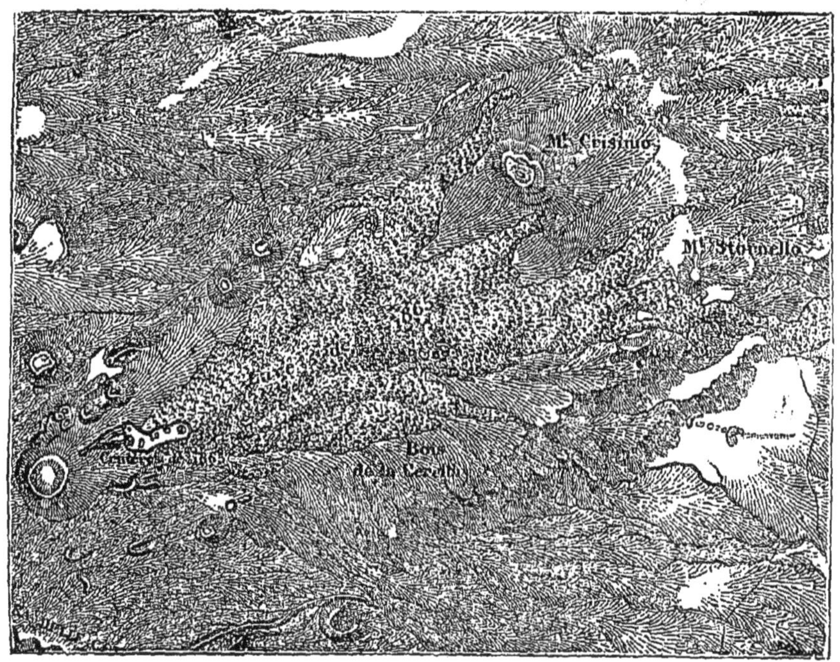

Fig. 35 — Cheire du Monte-Frumento, sur les fleuves de l'Etna.

cheire (scie), ainsi nommée d'un vieux mot à cause des rugosités pointues de la surface (fig. 35). Sans craindre de se brûler, on peut facilement se hasarder sur cette voûte refroidie, à quelques centimètres au-dessus de la masse en fusion, comme on s'aventure en hiver sur les nappes de glace qui recouvrent les eaux courantes. La pression des laves ne parvient alors à briser la carapace que dans les parties inférieures de la coulée, là où les flots de pierre incandescente pèsent de tout leur poids. L'enveloppe est soudain rompue et la masse jaillit comme l'eau d'une écluse, en poussant devant elle les scories retentissantes et en se gonflant lentement en forme d'ampoule ; puis elle se couvre à son tour d'une croûte solide, que brise un nouvel effort des laves. Ainsi le fleuve, s'enfermant lui-même et brisant toujours ses digues, descend peu à peu sur les pentes, terrible, inexorable, tant que la source première n'a pas cessé de couler. Le seul moyen de détourner le courant est de modifier la pente au-devant de lui, soit en lui opposant des obstacles qui le rejettent à droite ou à gauche, soit en lui préparant la voie par des tranchées profondes, soit encore en ouvrant quelque issue latérale aux laves emprisonnées. En 1669, lors de la grande éruption qui menaça de dévorer Catane, on se servit de ces divers moyens pour sauver la ville.

Le rayonnement des laves étant arrêté par la croûte de scories, qui est une très-mauvaise conductrice de la chaleur, il en résulte que la température ambiante s'élève très-faiblement autour d'une coulée de matières incandescentes. Les guides napolitains s'approchent sans crainte des laves du Vésuve pour en frapper des médailles grossières qu'ils vendent aux étrangers. A une distance de quelques mètres d'un soupirail de la cheire, on a vu les arbres de l'Etna continuer de croître et de fleurir ; il en est même dont l'écorce reste humide et dont le branchage est verdoyant, bien que la matière en fusion ait entouré leur base comme une sorte de gaine.

Par un phénomène analogue, il arrive que sur les

hautes montagnes en éruption, les amas de neiges et de glaces recouverts par les courants de feu ne se fondent pas toujours et l'on en voit qui se conservent sous les scories pendant des siècles ou même des milliers d'années. Lyell en a découvert sous les laves de l'Etna, les géologues américains sous les masses rejetées par le cratère du mont Hooker, Darwin sous les cendres de Deception-Island, dans la Terre de Feu, M. Philippi sous les coulées du volcan Nuevo de Chillan, dans le Chili. Là chaque couche de neige qu'apporte l'hiver reste entière sous le manteau brûlant que rejette la bouche d'éruption, et les tranchées faites à travers les amas de débris révèlent sur une grande profondeur les strates alternativement blanches et noires de la neige et des cendres volcaniques.

De même les immenses coulées de laves de l'Islande ont laissé dans un état de conservation parfaite les troncs des *sequoias* et d'autres arbres américains qui paraient le sol de l'île pendant les âges de l'époque tertiaire, alors que la température moyenne de ces contrées était supérieure à celle d'aujourd'hui. C'est que la chaleur et la fluidité des laves se maintiennent dans la partie centrale des coulées pendant une période très-considérable d'années. Des voyageurs affirment avoir trouvé des laves profondes qui étaient encore brûlantes après un siècle de séjour sur le flanc des montagnes.

La quantité de matière fondue que peut vomir une crevasse dans une seule éruption est énorme, si on la compare à nos travaux humains. La coulée de Kilauea, en 1840, dépassa 5 milliards de mètres cubes. Celle du Mauna-Loa en 1855 produisit encore une plus grande quantité de laves et se prolongea jusqu'à 112 kilomètres du cratère. Enfin on a calculé que toute la lave évacuée par le volcan islandais le Skaptar-Jökul dans la grande éruption de 1783, n'était pas inféricure à 500 milliards de mètres cubes, égalant ainsi le volume entier du mont Blanc ; c'était là une quantité suffisante pour recouvrir la terre d'une pellicule de lave de près d'un millimètre d'épaisseur.

IV

Bombes volcaniques. — Explosions de cendres. — Volcans parasites. — Montagnes réduites en poussière. — Éclairs et flammes des volcans.

Les laves qui s'écoulent en torrents sur les pentes ne sont pas les seuls produits des montagnes volcaniques. Lorsque les vapeurs comprimées s'échappent du cratère avec une explosion soudaine, elles entraînent avec elles des parcelles de matières fondues qui retombent plus ou moins loin sur les talus du cône, suivant la force de projection qui les a lancées. Ce sont les bombes volcaniques, dont les immenses gerbes, tracées en lignes de feu sur le ciel noir, donnent pendant les nuits une beauté si grandiose aux éruptions. A peine tombés, ces projectiles, déjà refroidis par leur rayonnement dans l'atmosphère, sont devenus solides à l'extérieur, mais le noyau reste encore longtemps à l'état fluide ou pâteux.

Dans la plupart des éruptions, ces boules de lave,

fluides et rouges encore, ne constituent qu'une faible partie des matières lancées hors de la montagne : la plus forte proportion des fragments rejetés provient des parois mêmes du volcan, qui se rompent et volent en éclats après s'être mêlées aux produits de l'éruption nouvelle. Lancés en nuages hors de la crevasse, les débris des rochers fracturés et réduits en poussière retombent en grêle autour de l'orifice et s'entassent graduellement en forme de cône sur les flancs du mont qui les a produits. En Europe, l'énorme pourtour de l'Etna présente plus de 700 volcans parasites, les uns à peine plus élevés que des huttes d'Esquimaux, les autres, comme les Monti-Rossi, le Monte-Minardo, le Monte-Ilici, hauts de plusieurs centaines de mètres et larges de plus d'un kilomètre à la base. Dans la formation de ces monticules, il s'opère une véritable division du travail. Les blocs, les pierres plus ou moins lourdes, retombent soit au bord du cratère, soit dans le gouffre lui-même. Les cendres, les poussières ténues, s'envolent à une hauteur plus grande et, sous l'action du vent qui les entraîne, retombent au loin comme la balle du grain vanné dans l'air.

La masse de rochers solides réduits en poussière est parfois tellement considérable que la pluie de cendres prend les proportions d'un cataclysme. Souvent il est arrivé que tout le sommet de la montagne, sur une épaisseur de plusieurs centaines et même de plusieurs milliers de mètres, a été lancé dans les airs, mêlé au nuage de vapeur et aux fumées de laves incandescentes. Ainsi la cime de l'Etna paraît avoir sauté avant l'époque historique et l'énorme gouffre du val del Bove, qui s'ouvre sur ses pentes orientales, est probablement le vide laissé par la disparition de l'ancien cône (fig. 36). De même, en l'an 79 de l'ère vulgaire, toute la partie du Vésuve tournée vers la mer fut réduite en poudre et les dé-

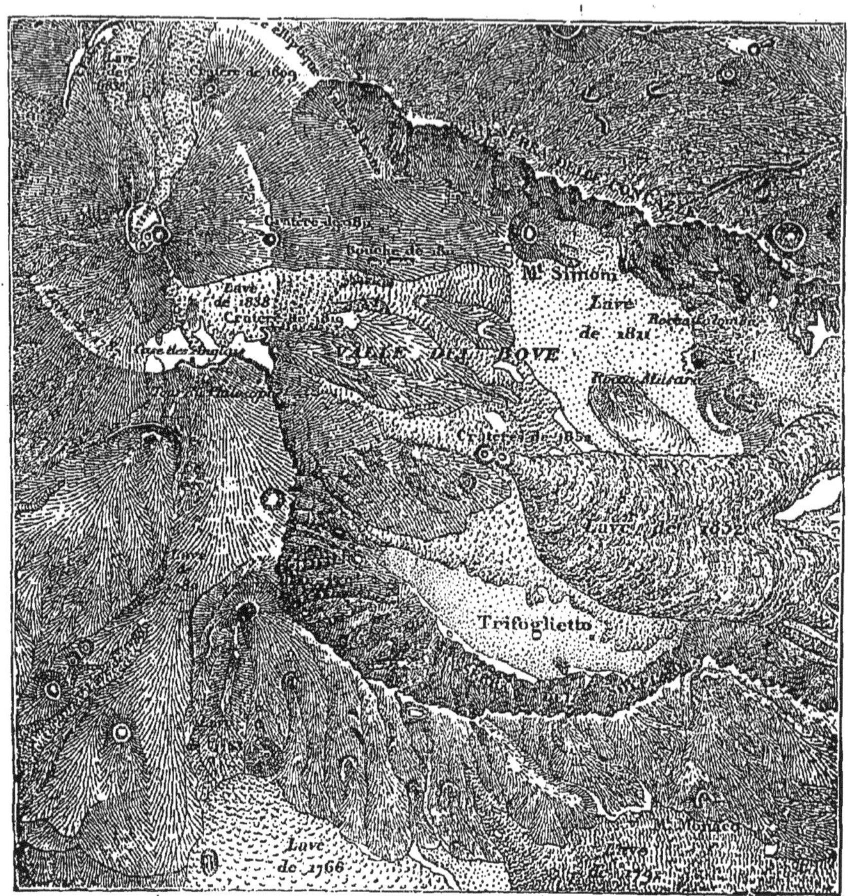

Fig. 36. — Cône de l'Etna et val del Bove.

bris de ce cône, dont il ne reste aujourd'hui que l'enceinte semi-circulaire de la Somma, ensevelirent trois villes et de vastes campagnes. Bien plus terribles encore furent les explosions du volcan de Coseguina, dans l'Amérique centrale, en 1831, et celui du Timboro, dans l'île de Sumbava, en 1815. Dans un rayon de 500 kilomètres autour de la montagne, l'épais nuage de cendres qui cachait le soleil faisait une nuit noire en plein midi, et tous les débris, dont la masse accumulée représentait, dit-on, trois fois le volume du mont Blanc, c'est-à-dire un volume de 1,800 milliards de mètres cubes (?), s'étendirent sur un espace plus vaste que l'Allemagne. La pierre ponce flottait dans la mer en une couche de plus d'un mètre de puissance, à travers laquelle les navires ne pouvaient avancer qu'avec la plus grande difficulté. L'imagination populaire fut tellement frappée de ce cataclysme, qu'à Bruni, dans l'île de Bornéo, à 1,400 kilomètres au nord, où des amas de la poussière vomie par le Timboro avaient été portés par le vent, on compte les années à dater de « la grande chute des cendres. » C'est pour les insulaires le commencement de l'ère actuelle.

Le frottement de la vapeur d'eau contre les innombrables particules solides lancées dans l'espace est la principale cause de l'électricité qui se dégage en si grande abondance pendant la plupart des explosions volcaniques. Par suite de cette friction, qui s'opère à la fois sur tous les points de l'atmosphère où pénètrent les cendres et les vapeurs du volcan, les étincelles jaillissent et se prolongent en éclairs : les cieux sont illuminés non-seulement par le reflet des laves, mais aussi par les traits de lumière qui s'élancent entre les nuages. Lorsque la vaste ombelle de vapeur se déploie au-dessus de la cime du mont, de nombreuses spirales de feu tourbillonnent de chaque côté des nues, qui simulent en se déroulant un tronc d'arbre gigantesque. D'ailleurs, il arrive quelquefois que de véritables flammes jaillissent des cratères des volcans. Récemment encore, tous les observateurs qui ont assisté à la naissance de l'île Georges, dans l'archipel volcanique de Santorin, ont pu voir des gaz embrasés danser au-dessus des laves et même à la surface de la mer.

V

Torrents de boue rejetés par les cratères. — Salses. — Geysirs — Fumerolles, solfatares.

Les torrents d'eau et de boue sont, après les laves et les cendres, les produits les plus considérables de l'activité volcanique, et les désastres dont ils ont été la cause sont peut-être les plus terribles qu'ait à raconter l'histoire. Par suite de ces déluges soudains, bien des villes ont été rasées ou englouties, des districts entiers ont été noyés sous la fange ou changés en marécages, la face de la nature s'est transformée dans l'espace de quelques heures.

Ces masses liquides qui s'abattent tout à coup du haut de la montagne ne sortent pas toujours directement du volcan lui-même. Ainsi le déluge local peut être causé par la condensation rapide de grandes quantités de vapeur qui s'échappent du cratère et retombent en pluies torrentielles le long des talus. Pour les hauts volcans neigeux des zones tropicales et tempérées, ainsi que pour toutes les montagnes fumantes des régions glaciales, les torrents d'eau et de débris, « les laves d'eau, » comme disent les Siciliens, s'expliquent par la fusion rapide de puissantes masses de neiges ou de glaces, avec lesquelles les laves brûlantes, les cendres chaudes ou les émanations gazeuses du foyer volcanique se trouvent en contact. C'est ainsi qu'en Islande de formidables déluges, entraînant avec eux des glaces, des scories et des rochers, se précipitent soudain dans les vallées après chaque éruption et balayent tout sur leur passage.

D'autres débâcles non moins redoutables ont pour cause la rupture des parois qui retenaient un lac dans l'entonnoir d'un ancien cratère ou bien la formation d'une crevasse qui donne issue aux masses liquides contenues dans les réservoirs souterrains. On ne pourrait expliquer autrement les éruptions de boue de plusieurs volcans des Andes, l'Imbabura, le Cotopaxi, le Carahuarizo. En effet, les fanges (*lodozales*) qui descendent de ces montagnes renferment souvent en grande abondance une foule d'êtres organisés, plantes aquatiques, infusoires, enfin des poissons, qui ne peuvent avoir vécu que dans les eaux tranquilles d'un lac : tel est le *pimelodes cyclopum*, petit poisson du genre des silures, qui, d'après Humboldt, n'a point encore été découvert ailleurs que dans les cavernes andines et dans les ruisseaux du plateau de Quito. Plusieurs montagnes fumantes de Java et des Philippines ne donnent issue qu'à des matières boueuses, parfois mélangées de matières organiques en si forte proportion qu'on peut les utiliser comme combustible. De toutes les grandes éruptions de boue, la mieux connue est celle du Tunguragua, volcan de l'Equateur, qui se dresse au sud de Quito, à 5,000 mètres d'altitude. En 1797, lors du tremblement de terre de Riobamba, tout un pan de la montagne s'affaissa en éboulis immenses avec les forêts qu'il portait; en même temps des flots d'une boue visqueuse sortirent des crevasses de la base et se précipitèrent dans les vallées. Un des courants de boue remplit, jusqu'à 200 mètres de hauteur et sur une largeur de plus de 300 mètres, un défilé sinueux qui séparait deux montagnes, et, barrant les ruisseaux à leur issue des vallées latérales, retint les eaux en lagunes temporaires.

Les petites éminences qu'on appelle spécialement volcans de boues, ou *salses* à cause des sels déposés fréquemment par leurs eaux, sont des cônes qui ne diffèrent point, si ce n'est par leurs dimensions, des puissants volcans des Andes ou de Java. Comme ces grandes montagnes, elles s'élèvent pour la plupart à une faible distance du littoral des mers; comme les volcans, elles secouent le sol et le déchirent pour expulser les matières enfermées; elles émettent des gaz et des vapeurs en abondance, accroissent le talus de leurs propres débris, se déplacent, changent de cratère, font disparaître leurs sommets dans leurs explosions; enfin, parmi les salses, les unes sont incessamment en travail, tandis que d'autres ont leurs périodes de repos et d'exaspération. Les transitions sont si parfaitement ménagées dans la nature, qu'on ne saurait découvrir de différence essentielle entre le volcan et la salse, entre celle-ci et la source thermale. Parmi ces cônes de boue qui sont à la fois des volcans et des fontaines, on cite surtout les *volcancitos* de Turbaco, dans la Colombie, les *maccalube* de Girgenti, en Sicile, et les sources boueuses de Bakou, de Taman, de Kertch, aux deux extrémités du Caucase.

Volcans de laves et volcans de boues ont tous sur leurs flancs ou dans le voisinage de leur base des sources thermales qui donnent issue à la surabondance des eaux, des gaz et des vapeurs. C'est par centaines et par milliers que l'on compte les « geysirs, » les « fontaines de vinaigre » et autres jets d'eau bouillante dans les régions volcaniques de la terre, en Californie, dans l'Amérique centrale, sur les versants des Andes, à Java, et surtout en Islande, l'île où se voit le « grand geysir, » la plus célèbre et certainement l'une des plus belles de toutes ces fontaines. Au pied de la montagne de Blafell, s'ouvre un entonnoir de 23 mètres, du fond duquel s'élèvent les eaux. Une mince nappe liquide s'épanche par-dessus les bords de la vasque et descend en cascatelles sur la pente extérieure. Bientôt des couches de vapeur s'élèvent en nuages dans l'eau verte et transparente; mais, rencontrant les masses plus froides de la surface, elles se dissolvent de nouveau. Enfin elles arrivent jusque dans la vasque et soulèvent les eaux en bouillonnant; les vapeurs jaillissent çà et là dans la nappe liquide, la température du bassin tout entier s'élève au point d'ébullition, la surface se gonfle en masses écumeuses, le sol tremble et mugit sourdement. Quelques moments de silence succèdent de temps en temps au sifflement des vapeurs. Tout à coup la résistance est vaincue, l'énorme jet s'élance avec fracas et, comme un pilier de marbre éblouissant, surgit à plus de 30 mètres dans les airs. Un deuxième, puis un troisième jet se succèdent rapidement; mais le magnifique spectacle ne dure qu'un petit nombre de minutes; la vapeur s'échappe, l'eau refroidie tombe dans la vasque et sur le pourtour du bassin, et pendant des heures ou même des jours, on attend vainement une nouvelle explosion. En se penchant au-dessus de l'entonnoir, duquel sortait un tel orage d'écume et de bruit, on ne voit plus alors qu'une eau bleue, transparente, faiblement ridée.

La plupart des montagnes aujourd'hui tranquilles, qui furent jadis des foyers d'explosions, manifestent encore un reste d'activité par des vapeurs et des gaz. Le feu des volcans s'est éteint, ou du moins assoupi pour une période plus ou moins longue, mais des fumerolles s'élèvent encore des fissures des laves anciennes. Ainsi les monts d'Auvergne, ceux de l'Eifel rhénan, dont les cratères ne contiennent maintenant que des lacs ou des mares, le Demavend, à la bouche emplie de neige, exhalent encore çà et là, par des fumerolles, comme un faible souffle de leur vie jadis si puissante.

En sortant de la terre, les jets de gaz déposent sur les bords des fissures les diverses matières, soufre, alun, borax, qui viennent de se sublimer dans le laboratoire intérieur; puis ils se déroulent en larges replis et se perdent dans l'espace. C'est ainsi, par une lente élaboration dans les fissures de la terre, que se sont déposés dans les mines de Sicile, ces énormes gisements de soufre d'où l'on extrait chaque année 300,000 tonnes et d'où l'on pourra retirer une quantité bien plus considérable encore, quand l'industrie d'exploitation sera moins primitive.

Quelquefois l'acide carbonique est le seul gaz qui se dégage des cratères et des crevasses des anciens volcans : c'est la dernière trace de l'antique activité. Le fluide carbonique, beaucoup plus lourd que l'atmosphère, ne s'élève pas, comme les autres gaz, pour se perdre au loin dans l'espace, mais il s'accumule en pesantes assises autour de l'orifice. Lorsqu'on a pénétré dans une grotte pleine de cet acide et que l'on regarde en arrière, on peut voir le courant s'épancher en dehors, grâce à la différence de réfraction qui existe entre le fluide et l'air superposé. Quand on agite vivement les bras pour former des remous dans le courant d'acide, on produit à la surface du ruisseau gazeux une série de vagues, pareilles à celles d'une masse liquide. Les plantes baignées par cet air méphitique se dessèchent, tous les animaux y meurent asphyxiés, à moins que de leur tête ils ne dépassent la couche d'atmosphère mortelle. On connaît la fameuse grotte du Chien, dans les environs de Naples, où, pour satisfaire leur vaine curiosité, tant de voyageurs ont la barbarie de faire haleter et s'évanouir de pauvres chiens en les laissant traîner de force dans l'acide carbonique qui pèse sur le sol.

VI

Périodicité des explosions. — Influence de la température sur les phénomènes volcaniques. — Extinction des foyers de lave.

Une question des plus importantes relative aux volcans est celle de l'ordre suivant lequel s'opèrent leurs phénomènes. Tout dans la nature se conforme certainement à des lois de périodicité régulière; mais lorsque cette mesure doit s'appliquer à la fois à de vastes espaces et à de longs intervalles, elle peut nous rester très-longtemps inconnue. Le fait est que le rhythme des grandes révolutions volcaniques n'a point encore été découvert, et jusqu'à présent l'ensemble de ces événements apparaît comme un véritable chaos. Même dans la région des volcans qui est la mieux connue et que les savants ont le plus étudiée, c'est-à-dire dans cet espace qui comprend l'Italie méridionale, la Sicile et les îles Lipári, la succession des mouvements s'est opérée dans le plus grand désordre apparent. L'Etna, le Vésuve se sont reposés pendant des siècles ; puis tout à coup, et après des intervalles inégaux, ils ont éprouvé tantôt une seule convulsion, tantôt une série de secousses plus ou moins violentes et nombreuses. D'ailleurs nulle coïncidence nécessaire entre les phénomènes des deux montagnes. Il arrive même qu'une période d'activité extraordinaire dans un volcan est contemporaine d'une tranquillité séculaire dans l'autre foyer de laves.

Il ne manque pas de témoignages qui donnent une très-grande probabilité à l'existence d'un rapport direct entre les éruptions des volcans et les phénomènes plus ou moins réguliers de l'atmosphère ambiante. C'est là, relativement à un grand nombre de cratères actifs, une croyance proverbiale chez les marins. Les pêcheurs de Stromboli s'accordent tous à dire depuis des siècles que le mont leur sert de baromètre en les avertissant de l'approche des vents et des orages par une plus grande violence dans ses éruptions. A l'époque des équinoxes d'automne, ainsi qu'en hiver, la lave bouillonnant dans le cratère déborde beaucoup plus souvent par-dessus l'orifice, et parfois entr'ouvre les parois de la montagne pour se frayer une large issue vers la mer. C'est qu'en diminuant au-dessus de la colonne de laves pendant les jours de tempête, la pression atmosphérique n'agit plus avec la même énergie sur la masse comprimée ; les matières en fusion s'élèvent dans la fournaise plus rapidement et s'épanchent en plus grande abondance.

Les habitants de Lipari disent aussi que les vapeurs du cratère de Volcano forment des nuages beaucoup plus considérables lorsque les tempêtes se préparent : ce serait encore là un baromètre gigantesque indiquant avec régularité l'abaissement de la pression atmosphérique. D'après les voyageurs et les indigènes, c'est à l'époque des équinoxes, lors du renversement des moussons, que les explosions du pic de Ternate, du Taal et des autres volcans de l'archipel Indien sont les plus terribles. De même, dans le sud du Chili, on affirmait à Fitz-Roy que les éruptions de l'Osorno annoncent toujours la venue du beau temps, et par conséquent une forte élévation du poids de la colonne d'air. Quant aux phénomènes autres que l'oscillation des masses aériennes, les mouvements volcaniques pourraient aussi les indiquer d'avance, si l'on en croit ceux qui habitent au pied même des montagnes fumantes. C'est ainsi qu'au Japon les volcans commenceraient d'ordinaire à vomir des laves vers le moment du flux, et des inondations causées par des marées exceptionnelles surviendraient toujours après les éruptions et les tremblements de terre. D'ailleurs MM. Guarini, Scacchi et Palmieri ont scientifiquement constaté l'existence d'une de ces marées de laves. Pendant une éruption du Vésuve, en mai 1865, ils observèrent une recrudescence du phénomène deux fois par jour durant deux semaines environ.

En classant toutes les éruptions connues par saisons et par mois, M. Emil Kluge a établi que ces crises ont lieu surtout en été, tandis que les tremblements de terre sont plus fréquents en hiver. D'après ce géologue, il ne serait pas douteux que les explosions des volcans ne dépendent des changements des saisons; la fonte des neiges et des glaces, la chute des pluies, les oscillations de la température et du poids de l'air seraient les véritables causes des incendies souterrains : ceux-ci, simples résultats de réactions chimiques, seraient des phénomènes purement extérieurs de la planète, et par conséquent ce n'est point dans les abîmes d'une mer de feu, mais à la profondeur de 10 à 15 kilomètres au plus qu'il faudrait chercher les foyers où s'élaborent les matières incandescentes.

Toutefois, s'il est permis de considérer l'année elle-même, avec le retour des saisons et des phénomènes atmosphériques, comme une sorte de journée dans la vie des volcans, on n'en reste pas moins dans l'ignorance relativement aux grandes périodes séculaires de l'activité plutonique dans les diverses parties du monde. En classant par ordre de dates un total de 1,450 éruptions, M. Kluge croit pouvoir affirmer que ces phénomènes ont, comme les taches solaires et les aurores boréales, une période d'environ onze années; les éruptions seraient d'autant plus nombreuses que les taches du soleil le sont moins, et d'autant plus rares que l'astre a l'atmosphère moins lumineuse. Cependant cette coïncidence est encore loin d'être démontrée.

Comme tous les phénomènes terrestres, celui des éruptions de laves et de cendres n'a qu'un temps limité : les cônes qui surgissent du sol s'éteignent, soit après une crise de courte durée, soit après des milliers d'éruptions. Sur toute la surface de la terre se dressent en grand nombre d'anciens volcans, dont la géologie moderne a seule pu nous révéler la nature. Les uns datent d'une époque si reculée que des couches de formation moderne en ont en grande partie recouvert les flancs et rempli les cratères ; d'autres, comme les monts d'Auvergne, se montrent encore, avec leurs cônes de scories ou leurs dômes de trachyte, leurs crevasses et leurs cheires de laves, tels qu'ils étaient jadis, lorsque les plaines de leurs bases étaient des bras de mer. Enfin de nombreux volcans qui ont brûlé pendant la période historique sont éteints actuellement, et peut-être pour toujours. Les cycles des foyers de laves se relient sans doute à ceux des continents eux-mêmes ; pour que ces foyers s'allument, la configuration des terres et des mers doit changer ; pour qu'ils s'éteignent, il faut aussi que les continents et les bassins océaniques se déplacent à la surface du globe.

VII

Les tremblements de terre. — Hypothèses diverses. — Ecroulements souterrains.

Ainsi que le montrent suffisamment les éruptions volcaniques, la planète n'est point cette masse inébranlable que se figure notre imagination en la comparant à l'atmosphère environnante et aux vagues toujours mobiles de l'Océan. Au contraire, le sol que nous foulons aux pieds vibre très-fréquemment. Sans parler de ces grandes secousses qui renversent les cités, font écrouler des pans de rochers, ouvrent de profondes crevasses dans les campagnes, les vibrations moins violentes qu'ont enregistrées les annalistes de l'histoire géologique, se comptent déjà par milliers pour les seuls pays civilisés et pour les siècles modernes. D'ailleurs, il n'est pas douteux que la grande majorité des tremblements de terre ne passent inaperçus ou ne se confondent, surtout dans les villes, avec l'immensité bourdonnante des bruits et des murmures. Divers instruments *seismologiques* récemment inventés ou perfectionnés révèlent un grand nombre d'oscillations qu'il eût été impossible de discerner autrement. L'observation attentive de niveaux à bulles d'air et de fils micrométriques se reflétant à la surface d'un bain de mercure a même permis à M. d'Abbadie d'affirmer que la terre est dans un état de vibration presque constante. Les intervalles d'immobilité qu'il a constatés n'ont jamais dépassé trente heures.

Quelle est la cause de ces trépidations du sol? Plusieurs savants, acceptant d'avance comme prouvée l'hypothèse d'un feu central, *pyriphlégéton* ou *pyrosphère*, voient dans les tremblements le contrecoup des ondulations de la grande mer brûlante. Chacune des secousses qui se font sentir à la surface aurait son origine au-dessous de l'enveloppe planétaire, et se produirait d'abord sous forme de courant ou de marée dans la masse incandescente que l'on suppose exister. En outre, la plupart des géologues qui fondent leurs raisonnements sur l'hypothèse du feu central admettent que les tremblements du sol sont en rapport nécessaire avec des phénomènes volcaniques, et proviennent invariablement de la même cause. Les tremblements de terre généraux seraient des éruptions « avortées, » tandis que les secousses locales accompagnées d'explosions seraient des « éruptions entravées. » Suivant la comparaison qui se présente toujours à l'esprit, les bouches des volcans seraient des soupapes de sûreté, et c'est à cause de l'obstruction de ces ouvertures que les vapeurs ou les laves emprisonnées secoueraient les couches supérieures de l'enveloppe terrestre, cherchant à trouver une issue. S'il en était ainsi, si tous les tremblements de terre non suivis d'éruption étaient des efforts incomplets que fait la planète pour ouvrir un volcan et pour se débarrasser soit des gaz, soit des matières fondues de l'intérieur, c'est dans les plaines continentales, loin des volcans et des hautes terres, que le sol devrait le plus souvent trembler ; car il ne s'y trouve pas « d'évents » naturels pour dégager le trop-plein des fluides intérieurs. Or, il est certain que les régions les plus fréquemment visitées par de violents tremblements de terre sont précisément des contrées volcaniques, telles que les Calabres, les îles de l'Archipel grec, les terres de la Sonde, les républiques andines. Il est vrai que beaucoup d'autres pays, éloignés de tout volcan, notamment les plaines alluviales du Mississipi et le delta du Nil, ont eu beaucoup à souffrir des mouvements souterrains. On ne saurait donc établir de loi relative à la distribution géographique des tremblements de terre, car il est certain que de fortes oscillations du sol se font sentir dans les contrées les plus diverses, n'ayant aucune ressemblance extérieure les unes avec les autres par les formations et l'aspect.

Dans quelques circonstances spéciales, on peut, indépendamment de toute théorie, constater sans peine un rapport de cause à effet entre une éruption volcanique et un tremblement de terre. Ainsi, lorsque les flancs d'une montagne fumante, comme l'Etna ou le Kilauea, se crevassent soudain pour lancer un fleuve de lave, et qu'en même temps le sol est fortement agité, ou bien qu'il n'a cessé de trembler pendant des semaines entières, il est évident que le tremblement de terre est causé par la fracture du volcan ; ce phénomène d'ébranlement local est parfaitement analogue à ceux qui se produisent lors de l'explosion d'une mine ou d'une poudrière. Mais lorsque des secousses font vibrer le sol d'une région percée de cratères ou complétement dépourvue de bouches volcaniques, sans que l'on puisse observer le moindre rapport de coïncidence ou de succession immédiate entre ces phénomènes et une éruption, on ne saurait évidemment affirmer que ces secousses ont leur origine dans le foyer caché des matières incandescentes, ou qu'elles sont causées par des vapeurs s'efforçant de briser l'écorce terrestre.

D'ailleurs, ainsi que l'exposait Lucrèce il y a deux mille ans, et que l'ont démontré de nos jours Boussingault, Virlet, Volger et d'autres géologues, il est beaucoup de secousses de terre qui doivent avoir pour cause l'effondrement des assises rocheuses. En effet, certaines strates laissent entre elles des intervalles très-considérables, ainsi qu'il est facile de le voir sur les flancs des montagnes, et sont en outre composées de substances qui sont plus ou moins facilement dissoutes et déblayées par les eaux d'infiltration. Quand les vides offrent une telle étendue que les roches surincombantes, hautes parfois de plusieurs centaines ou même de milliers de mètres, ne peuvent plus se soutenir par leur propre cohésion, il faut que la masse entière s'affaisse sur les assises inférieures. Il est même impossible de comprendre qu'il n'en soit pas ainsi : les énormes quantités de sel, de gypse, de calcaire, de silice et d'autres substances que les sources entraînent à la surface, doivent nécessairement créer de grands vides dans les profondeurs, et par conséquent le tassement des roches supérieures devient inévitable. Que l'on se figure, s'il est possible, la puissance du choc produit alors par l'écroulement soudain de plusieurs millions de mètres cubes !

Ces brusques vibrations qui renversent les cités en quelques secondes sont les plus effrayantes catastrophes que l'homme puisse imaginer. Tout autre désastre s'annonce par des signes précurseurs. La coulée sortie du volcan s'avance lentement, et l'on peut en prévoir la marche à travers les villages et les cultures ; les crues des fleuves menacent les digues longtemps avant de les briser, et d'ordinaire on se prépare à l'irruption des eaux ; l'ouragan lui-même s'annonce par des signes atmosphériques ; mais le plus souvent les secousses du sol surviennent brusquement et c'est en un instant que les cités sont démolies et les habitants écrasés par milliers. Le principal tremblement de terre de San-

Salvador, en 1854, ne dura que dix secondes, et cet espace de temps suffit pour la destruction de la ville ; les vibrations successives qui dévastèrent les Calabres en 1783 se firent sentir pendant deux minutes à peine. Quant aux terribles sursauts du sol qui détruisirent Lisbonne, et dont les ondulations se propagèrent, dit-on, sur la douzième partie de la superficie terrestre, ils se succédèrent pendant cinq minutes, mais ce fut le premier choc, de cinq à six secondes seulement, qui causa les plus grands dommages.

Lorsque de violentes secousses agitent le sol, les villes situées sur le bord de la mer ont eu souvent beaucoup plus à souffrir de la soudaine irruption des eaux que de l'agitation de la terre; les masses liquides se redressent à une hauteur formidable et se ruent sur les rivages. En 1692, lors du tremblement qui agita la Jamaïque et les mers voisines, les vagues se précipitèrent à l'assaut de la ville de Port-Royal, et, dans l'espace de trois minutes, recouvrirent plus de 2,500 maisons d'une couche de 10 mètres d'eau; les navires furent jetés çà et là dans les campagnes, et la frégate *Swan* vint échouer sur un toit. De même, qu'après le témoignage d'Acosta, la terrible vague qui démolit Callao en l'année 1586, et qui lança un grand navire sur la route de Lima, à 16 mètres au-dessus du niveau moyen de la mer, aurait eu la hauteur totale de 27 mètres.

VIII

Mouvements et vitesse de propagation des vagues terrestres. — Influence des vibrations sur les sources. — Changement de niveau du sol. — Périodicité des tremblements de terre.

Quelle que soit la nature du premier choc, qu'il provienne d'un gonflement soudain de laves ou de vapeurs, ou bien qu'il soit causé par l'écroulement de couches supérieures sur les assises sous-jacentes, l'effet ressenti sera toujours le même pour les observateurs placés au-dessus du point initial où se produit le phénomène : ils éprouveront une secousse dirigée de bas en haut. Même en tombant avec le sol, ils pourront se croire soulevés, comme l'aéronaute, dont le ballon se précipite vers la terre, voit les campagnes monter vers lui. Autour du point central, où le choc a lieu dans toute sa violence et se fait sentir verticalement d'une manière plus ou moins désordonnée, suivant le nombre des secousses, les mouvements deviennent de plus en plus obliques en se propageant dans les couches terrestres. Le phénomène d'ondulation qui se produit au milieu des roches est parfaitement analogue à celui qu'on observe dans les eaux lors de la chute d'une pierre ; une série de vagues concentriques se développe autour du centre de secousse et va se perdre en s'affaiblissant peu à peu dans la distance (fig. 37). Aux deux espèces de mouvements qui ont été observés dans les secousses du sol, le choc de bas en haut et les longues ondulations se propageant à la façon des ondes marines, plusieurs savants, depuis Aristote, ajoutent aussi le mouvement tournoyant ou «giratoire ;» mais l'existence de ce mouvement, qui d'ailleurs serait difficile à expliquer, n'a point encore été prouvée.

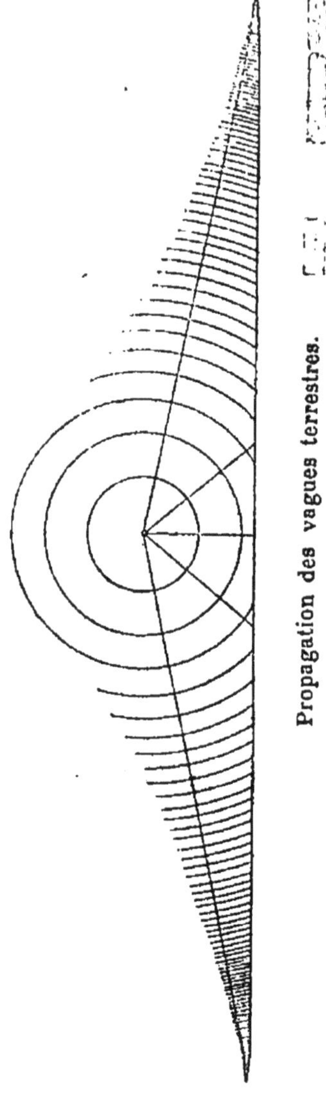

Fig. 37.

Quant à la direction suivie par ces vagues, elle diffère en général beaucoup de la direction normale à cause des inégalités du relief des terrains. Ainsi dans les plaines le mouvement se propage librement dans tous les sens, tandis qu'en pays montagneux, comme la Suisse et les Pyrénées, les grandes ondulations suivent partout les vallées. En frappant contre la base des monts aux couches redressées, les plissements du sol se comportent comme les vagues d'un fleuve venant se heurter contre les rives : ils se rompent et, changeant de direction, longent le pied des hauteurs, puis après cette première rupture de mouvement, l'ondulation se communique aux masses rocheuses de la montagne et les traverse jusqu'aux plaines situées au delà.

De même la vitesse de propagation des vagues terrestres varie d'une manière considérable suivant la composition des roches, la quantité d'eau qu'elles contiennent, la dureté et l'élasticité de leurs assises. Les secousses font vibrer bien plus facilement les roches compactes que les formations interrompues çà et là par des failles, des crevasses, des grottes et des terrains meubles. M. Mallet a prouvé ces faits par des expériences directes répétées plusieurs fois non loin de Holyhead, dans le pays de Galles. Lors de l'explosion des mines de poudre, les vagues d'ébranlement, d'autant plus rapides que la charge était plus forte, se sont propagées de 290 mètres à la seconde dans le sable mouillé, de 391 mètres dans une roche de granit friable, et de 500 mètres dans un granit compacte. Plus tard, M. Mallet, ayant fait des observations directes sur la vitesse de propagation des ondes du tremblement de terre des Calabres en 1857, trouva qu'elle avait été d'environ 250 mètres par seconde. Hermann Schlaginwteit a trouvé dans l'Assam que la marche des oscillations était en moyenne de 302 mètres dans le même espace de temps.

Les constructions qui ont le plus à souffrir des tremblements du sol sont les édifices voûtés en dômes. Les murailles des maisons résistent d'autant mieux qu'elles sont plus longues, plus épaisses et moins élevées. Dans toutes les villes renversées en partie par des tremblements, on a constaté que les murs de cette forme étaient rarement démolis. Lorsque les ondulations du sol se propagent dans le sens de la plus grande longueur d'un pâté de maisons basses, il est presque sans exemple que celles-ci aient été fracassées; aussi, dans les contrées où les mouvements du sol affectent en général la même direction, peut-on se prémunir contre tout désastre en orientant les murs principaux des édifices dans le sens des ondulations terrestres. Le plus sûr est incontestablement de construire d'abord de grands cadres en charpente, dans lesquels on insère ensuite les parois : de cette manière, quelques débris peuvent tomber, mais la maison elle-même, formant une sorte de cube en bois posé sur le sol, résiste à toutes les secousses. C'est ainsi que l'on procède à Mouzaïaville, en Algérie.

De même que les constructions des hommes, les roches s'écroulent aussi par l'effet des secousses. Des versants de montagnes, minés en dessous par les eaux, glissent en masse et descendent vers les plaines inférieures avec les cultures qui les couvrent ; le sol des plaines se crevasse, se fendille par des lézardes rayonnant en forme d'étoiles. En 1783, lors des terribles tremblements qui agitèrent les Calabres, on vit même des puits, aux margelles circulaires, s'ouvrir dans le sol, sans doute à cause du jaillissement de quelques fontaines. On cite aussi nombre de sources, thermales ou froides, qui, lors d'une secousse terrestre, ont soudain tari ou bien dont le volume s'est augmenté, avec accroissement ou diminution de température. Il est facile de comprendre ces phénomènes. A la suite de chaque éboulement de roches, de chaque fracture du sol, les conduits où coulent les ruisseaux souterrains peuvent être obstrués en tout ou en partie : l'eau doit se chercher alors un autre cours, ou s'écouler en moindre volume par l'ancien canal. En revanche, il arrive parfois que l'écroulement d'une digue ouvre un libre passage aux eaux intérieures, et la masse liquide se trouve augmentée dans les sources. Enfin les eaux de plusieurs courants souterrains, de températures diverses, peuvent se trouver mélangées à la suite de la catastrophe, et les fontaines sont en conséquence ou plus chaudes ou plus froides, mais l'effet le plus généralement produit sur les sources est de troubler l'eau en la chargeant de débris tombés des parois et soulevés par la masse liquide ascendante : il s'opère alors comme une espèce de « ramonage » des cheminées naturelles que parcourent les eaux.

A la suite de ces commotions du sol, le niveau de la surface terrestre se trouve parfois changé d'une manière permanente, et l'on constate que les couches de la superficie se sont affaissées. Parmi ces grandes secousses géologiques, il faut citer la révolution, malheureusement trop mal connue, qui, dans l'année 1819, changea la forme du pays de Cutch, en Indoustan, sur une vaste étendue. Tandis qu'une partie de la contrée s'effondrait sur un espace de 15,000 kilomètres carrés et, par suite de l'envahissement des eaux marines, devenait une terre indécise, désert sans eau pendant les sécheresses, lagune salée durant les moussons, un rempart de 50 kilomètres de long, de plusieurs kilomètres de large et de 3 mètres de haut, était soulevé en droite ligne au travers d'une ancienne embouchure de l'Indus (?). D'après Barnes, le tremblement de terre que produisit cet étrange phénomène de bascule se serait fait sentir sur un espace de plus de 250,000 kilomètres carrés.

Il est désormais indubitable, grâce aux recherches de Merian, d'Alexis Perrey, de Volger, que les tremblements de terre sont beaucoup plus fréquents en hiver qu'en été. On a aussi constaté ce fait remarquable que les chocs se font sentir plus souvent la nuit que le jour, et cela dans toutes les saisons de l'année ; l'heure de midi correspond à l'été, et celle de minuit est l'hiver de chaque révolution diurne. Ne peut-on inférer de l'oscillation régulière des tremblements souterrains avec les heures et les saisons que ces événements dépendent des phénomènes extérieurs du climat plus encore que des fluctuations d'une mer de laves? Bien plus, il existerait une constante relation entre les tremblements de terre et les taches du soleil. Enfin les recherches continuées avec tant de persévérance par Alexis Perrey prouvent d'une manière incontestable que les phases successives de la lune exercent une grande influence sur les mouvements du sol. Comme l'Océan, la terre a ses marées. La fréquence des tremblements de terre augmente, comme la hauteur du flux, vers l'époque des syzygies ; elle s'accroît quand la lune exerce la plus forte attraction sur les flots et diminue quand l'astre perd de sa puissance; en un mot, c'est lorsque la mer oscille avec le plus de force que la terre elle-même tremble le plus souvent.

IX

Les oscillations lentes du sol terrestre. — Ondulations locales.

Non-seulement l'écorce terrestre est souvent secouée par les frissons passagers des tremblements du sol, elle est en outre animée de mouvements uniformes et d'une incalculable puissance qui, sur divers points, la soulèvent et sur d'autres la dépriment relativement au niveau marin. Mais ces gonflements et ces dépressions, qui rappellent les phénomènes des corps organisés, s'accomplissent le plus souvent avec une telle lenteur que, pour les constater d'une manière certaine, des générations successives d'observateurs doivent laisser des années ou même des siècles s'écouler. La « terre patiente » semble rouler inerte dans l'espace, et pourtant elle travaille sans relâche à modifier la forme de ses mers et de ses rivages. Durant chaque période géologique, la surface continentale, immobile en apparence, se redresse en certains endroits à une grande hauteur au-dessus de l'Océan; ailleurs elle s'abîme sous les eaux; partout l'antique relief et les contours du sol se modifient lentement.

Toutefois c'est uniquement sur le bord et dans le voisinage des mers que l'on peut constater ces balancements du sol, car c'est là que la surface de l'Océan offre une surface de repère à laquelle il est possible de comparer les masses terrestres élevées ou déprimées. Il est vrai que ce niveau de repère change peut-être lui-même. On ne saurait affirmer encore sans témérité que la masse des eaux contenue dans les abîmes de l'Océan n'augmente ni ne diminue; il est même très-probable que, par suite des échanges incessants entre les continents, les eaux, l'atmosphère et l'espace, l'ensemble des mers est comme la terre dans un changement perpétuel. C'est donc d'une manière tout à fait relative que l'on constate les oscillations du sol en signalant sur les rivages les indices laissés par l'ancien niveau des eaux marines.

Du reste, ni les accroissements graduels des plages d'alluvions, ni les érosions progressives que l'Océan fait en maints endroits subir au littoral, ne doivent être considérés sans examen comme des preuves de l'élévation ou de l'abaissement d'une contrée. Les sables que soulèvent les vagues marines et les alluvions que charrie le courant des fleuves se déposent sur la plupart des côtes basses en quantité assez considérable pour que la zone riveraine s'accroisse incessamment en largeur ; là même où cette zone s'affaisse lentement avec les terres voisines, ainsi qu'il arrive au nord de l'Adriatique, les atterrissements peuvent néanmoins former sur le bord une espèce de bourrelet et défendre les campagnes de l'intérieur contre les flots de la mer. En revanche, nombre de berges et de falaises, attaquées de face par les vagues de marée ou rongées obliquement par des courants latéraux, reculent peu à peu devant la mer envahissante, sans que pour cela on ait pu constater la moindre dépression dans le niveau général de la contrée. Même un lent soulèvement géologique du sol peut coïncider avec le recul des rivages. Les côtes de l'Aunis et de la Saintonge offrent un exemple de cette anomalie apparente.

Dans les mouvements du sol, il faut aussi distinguer ceux qui sont produits par une lente pression venue de l'intérieur et ceux que déterminent des causes passagères, telles que la plus ou moins grande abondance d'eau contenue dans les couches superficielles, l'activité de l'évaporation, le drainage, la mise en culture des campagnes. Ainsi les tourbières qui se forment graduellement dans les terrains bas des vallées, à la place des lacs et des marais, retiennent l'eau dans leurs amas de mousses comme dans une immense éponge, et, se gonflant peu à peu, finissent par s'élever à une hauteur de plusieurs mètres au-dessus de l'ancien niveau du sol. En revanche, les étendues tourbeuses que des travaux de drainage ont asséchées s'affaissent peu à peu, les mousses se flétrissent et se tassent. Une simple variation de température suffit même pour produire des résultats analogues dans les assises compactes des montagnes. Le jour, les molécules des rochers se dilatent sous l'influence des rayons solaires ; la nuit, elles se refroidissent, se contractent par suite du rayonnement, et la masse totale s'abaisse d'une quantité qui n'est pas toujours inappréciable aux instruments. Ainsi l'astronome Moesta a pu constater que l'observatoire national du Chili, situé sur la colline de Santa-Lucia, près de Santiago, monte et descend alternativement dans l'espace de vingt-quatre heures; les rochers se dilatent et se resserrent tour à tour. Des phénomènes semblables, mais déterminés par des causes différentes, se produisent sous l'observatoire d'Armagh, en Irlande. Après les fortes pluies, la colline qui porte l'édifice s'élève sensiblement, puis, lorsqu'une évaporation active l'a débarrassée de la trop grande quantité d'eau contenue dans ses pores, elle s'abaisse de nouveau.

Les secousses plus ou moins violentes imprimées au sol dans les contrées volcaniques produisent des changements de niveau bien supérieurs aux faibles oscillations causées par la chaleur du soleil ou les météores de l'atmosphère ; mais ces changements sont aussi des phénomènes locaux, qu'il faut distinguer des mouvements séculaires faisant ployer l'écorce du globe sous des continents entiers. Comme exemple de ces ondulations locales, qui sont de simples accidents dans l'histoire de la planète, on peut citer les fameuses colonnes du prétendu temple de Sérapis qui se dressent au bord de la Méditerranée, non loin de Pouzzoles, et portent sur leurs fûts de marbre, couverts de sédiments marins, les preuves d'oscillations successives au-dessus et au-dessous des flots. Au Pérou, sur le versant occidental de la Cordillère des Andes, Tschudi et l'ingénieur Gill, cité par Darwin, ont observé d'étranges phénomènes, qui ne peuvent s'expliquer aussi que par des soulèvements partiels. Au nord de Lima, sur la route de Casma à Huaraz, se trouve le lit desséché d'un ruisseau, utilisé jadis pour des irrigations. En suivant la vallée dans le sens de l'ancien courant, on s'aperçoit qu'on ne cesse de monter; la pente est changée sur un espace de plusieurs lieues, le sol a basculé, et cela depuis le séjour de l'homme, puisque les eaux coulant dans la pente opposée servaient jadis à l'irrigation des cultures. A l'est de Lima, un autre lit de ruisseau, le rio Seco, est coupé par une colline qui a poussé comme une ampoule au milieu de son cours. En Algérie, on observerait, aussi, d'après M. Bourdon, des phénomènes de même nature.

X

Soulèvement de la Scandinavie et d'autres contrées. — Dépression de l'estuaire amazonien et des côtes de la mer du Nord.

Dès l'année 1730, l'astronome suédois Celsius, guidé par le témoignage unanime des paysans du littoral, établit d'une manière positive que le golfe de Bothnie ne cesse de se rétrécir et de diminuer en profondeur. Il en conclut que le niveau de cette mer s'abaisse régulièrement autour de la Scandinavie ; mais les observations faites depuis cette époque ont prouvé que c'est au contraire la mer qui s'élève. En effet, si le niveau marin s'abaissait progressivement, ainsi que le supposait Celsius, l'eau, dont la surface, grâce à la pesanteur, se maintient toujours horizontale, se retirerait également sur tout le pourtour de la presqu'île et sur tous les rivages des mers. Il n'en est point ainsi. Tandis qu'à l'extrémité septentrionale du golfe de Bothnie, vers l'embouchure de la Tornea, le continent émerge de 1m,60 par siècle, il s'élève seulement de 1 mètre par le travers des îles d'Aland ; au sud de cet archipel, il grandit plus lentement ; plus bas encore, la ligne du rivage ne change point relativement au niveau de la mer ; enfin la pointe terminale de la Scanie s'enfonce peu à peu sous les eaux de la Baltique, ainsi que le prouvent d'anciennes forêts englouties. Quant aux côtes occidentales de la Scandinavie, elles n'ont cessé de se soulever dans la période récente.

L'ensemble des faits connus au sujet des mouvements du sol de la péninsule autorise donc à la comparer à un plan solide tournant autour d'une ligne d'appui et redressant une de ses extrémités pour abaisser l'autre dans la même proportion. Les golfes de Bothnie et de Finlande, pareils à des vases que l'on incline, épanchent lentement leurs eaux dans le bassin méridional de la Baltique ; de nouveaux îlots, des rangées d'îles apparaissent successivement, des écueils se révèlent, et si l'élévation du fond de la mer s'accomplissait avec régularité, ce qui du reste n'est nullement probable, on pourrait prédire qu'au bout de trois ou quatre mille ans l'archipel des Qvarken, entre Umea et Vasa, serait changé en isthme, et transformerait le golfe de Tornea en un lac intérieur semblable à celui de Ladoga. Plus tard, les îles d'Aland seraient à leur tour rattachées au continent et serviraient de pont entre Stockholm et le territoire de la Russie. L'archipel de Spitzberg, qu'un isthme sous-marin, se prolongeant aux endroits les plus profonds à 340 mètres de la surface, relie actuellement à la Scandinavie, ferait partie de l'Europe en trente-quatre mille années.

Le soulèvement de la Suède n'est pas un fait isolé, et les autres contrées du nord de l'Europe et de l'Asie semblent être toutes animées d'un mouvement d'ascension depuis l'Ecosse, qui a été soulevée d'environ 8 mètres pendant les vingt derniers siècles, jusqu'aux terres circumpolaires de l'Amérique du Nord. Mêmes phénomènes sur presque tous les bords de la Méditerranée, en Algérie, à Tunis, en Sicile, en Sardaigne, en Corse, en Crète, dans les îles de l'Archipel, et principalement sur les rivages de l'Asie Mineure, où, suivant la parole déjà bien ancienne de

Pausanias, « tout est instable et changeant. » D'après M. de Tchihatcheff, la côte d'Ephèse aurait même gagné, depuis les temps historiques, une superficie d'environ 480 kilomètres carrés, égale en étendue à l'île de Wight. L'examen géologique de la Russie méridionale et des plaines de la Tartarie ne permet pas non plus de douter que la Caspienne, la mer d'Aral et ces innombrables nappes d'eau qui parsèment les steppes n'aient été séparées de la mer Noire et du golfe d'Obi par le soulèvement graduel du continent, et telle a été la force de la poussée intérieure que la mer d'Aral a maintenant son niveau à plus de 33 mètres au-dessus de l'Océan, et que le lac Balkach a été soulevé à 300 mètres environ.

Le nouveau monde, comme l'ancien, offre les exemples les plus remarquables de lentes oscillations de niveau. Sur les côtes du Chili, les traces du soulèvement général de la contrée sont de toute évidence. Au pourtour de maint promontoire, à l'issue de plusieurs des vallées qui découpent profondément les massifs montagneux du littoral, on distingue d'anciennes plages marines sur lesquelles des coquillages de l'époque actuelle, semblables à ceux qui vivent aujourd'hui dans les baies voisines, sont parsemés ou même entassés en couches épaisses. Ces plages, que des falaises ou des escarpements de hauteurs diverses séparent les unes des autres, ressemblent aux marches d'escaliers gigantesques. On voit en les regardant que la côte ne s'est pas élevée d'un mouvement égal, et que des intervalles de repos relatif se sont écoulés entre chacune des étapes fournies par la masse grandissante des roches (fig. 38). Des indices de phénomènes analogues sont également visibles sur les côtes de la Bolivie, du Pérou, de la Colombie. Cette aire soulevée offre du nord au sud la longueur d'au moins 4,000 kilomètres, distance égale à celle de Paris à Tobolsk. En revanche, une grande partie des rivages orientaux de l'Amérique du Sud semble osciller en sens inverse, et, d'un mouvement imperceptible, redescendre vers le niveau de l'Océan. Ainsi, malgré l'énorme quantité de troubles charriés par son courant, le fleuve des Amazones, loin de gagner sur la mer par un delta, ne cesse de reculer, et sa vallée s'est laissé envahir d'au moins 500 kilomètres. Comme la Scan-

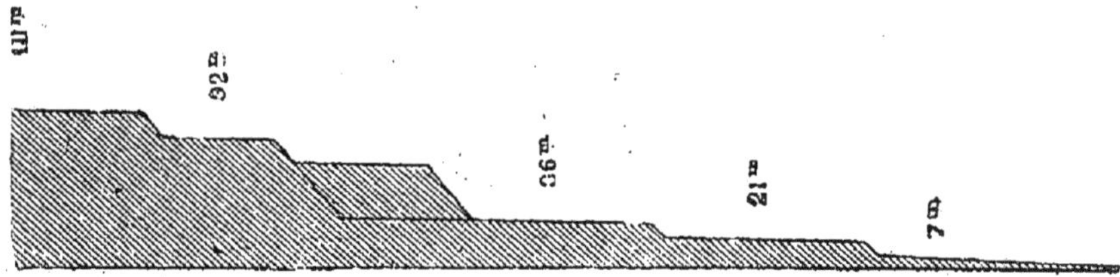

Fig. 38. — Côtes de Coquimbo.

dinavie, l'Amérique du Sud serait donc animée d'un mouvement de bascule soulevant toutes les côtes occidentales et déprimant le versant oriental.

Les phénomènes de dépression sont en général plus difficiles à constater que les phénomènes contraires, car les eaux de l'Océan empêchent les observateurs d'étudier les terres qu'elles ont submergées ; mais il est beaucoup de contrées où cet affaissement du sol sur de vastes étendues semble de toute évidence. Telles sont les côtes de la Bretagne, celles des Flandres et de la Hollande, de la Frise, du Danemark méridional, et de l'Angleterre orientale, de l'autre côté de la mer du Nord. Dans toutes ces contrées, les tourbières sous-marines, les forêts englouties, les anciens rivages détruits et transformés en îles (fig. 39) peuvent être considérés comme des preuves d'un affaissement considérable. En outre,

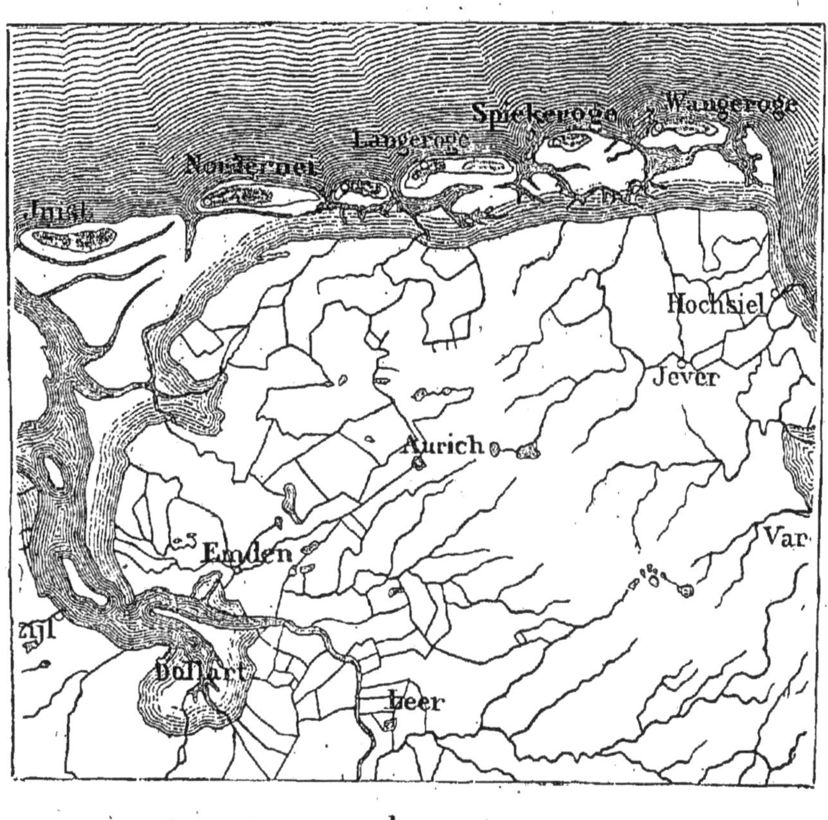

Fig. 39. — Littoral de la Frise.

on a découvert en beaucoup d'endroits des restes de travaux humains, tombeaux et murailles de défense, qui sont maintenant recouverts par les eaux. En Hollande notamment, les phénomènes de dépression graduelle paraissent évidents. Le Zuyderzee, jadis marais, puis lac, puis golfe de la mer, n'a cessé de s'approfondir, et maintenant il porte, dit-on, des navires d'un plus fort tirant d'eau que dans les siècles précédents. Comme un radeau que les vagues submergent par degrés, la Hollande s'enfoncerait lentement dans l'abîme, si les habitants du pays, acceptant la lutte contre les éléments, n'avaient muré leur territoire au moyen de digues et ne l'asséchaient par d'immenses travaux de drainage qui feront à jamais l'étonnement des hommes.

XI

Récifs des mers du Sud. — Théorie de Darwin sur les soulèvements et les dépressions. — Mobilité de la croûte dite rigide.

L'étude des rivages n'a pas seulement permis de constater les soulèvements et les dépressions des grandes masses continentales, elle a aussi révélé aux savants les oscillations des espaces océaniques, car les îles nombreuses qui se montrent solitaires ou par groupes dans la mer du Sud et dans l'océan Indien ont servi de « témoins » pour constater les mouvements du sol qui les porte. Lignes d'érosion, terrasses parallèles, bancs de coquillages modernes, toutes ces marques du séjour des eaux indiquent pour chacune des îles du Pacifique, comme pour les côtes de l'Europe et du nouveau monde, les divers exhaussements qui se sont produits; mais la plupart de ces terres ont en outre de vivantes ceintures de coraux qui, grâce à la sagacité du naturaliste Darwin, peuvent mesurer désormais d'une manière précise tous les changements de niveau, élévation ou dépression, que subissent les plages.

Les voyageurs qui ont parcouru la mer du Sud ont été frappés d'étonnement à la vue des récifs

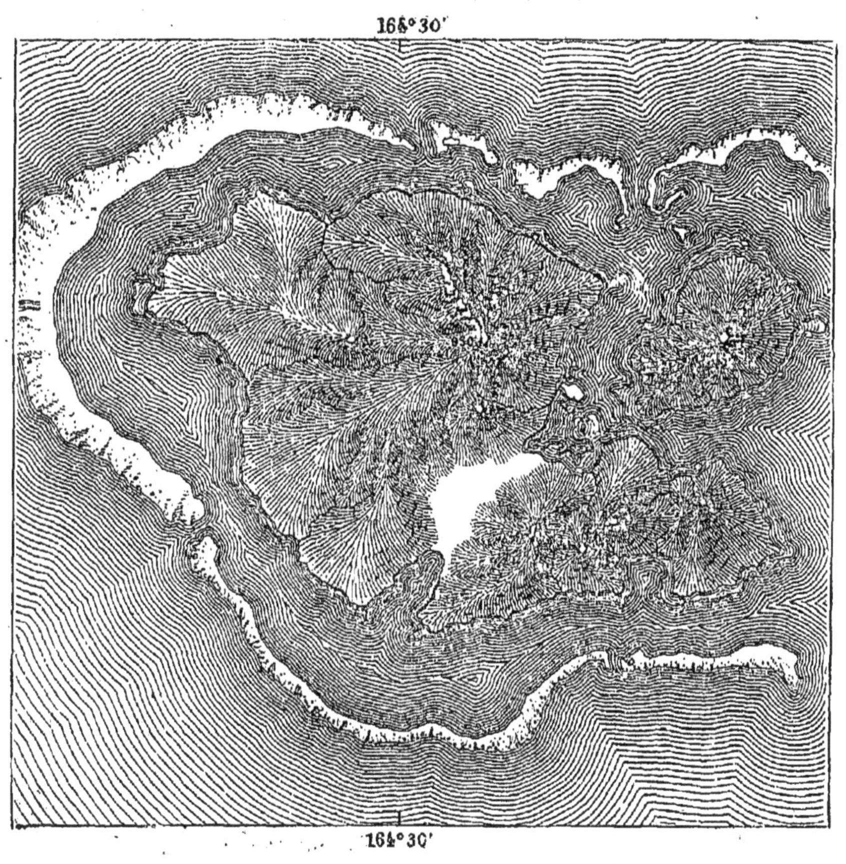

Fig. 40. — Ile de Vanikoro.

élevés par les polypes au milieu des eaux. Parmi ces récifs, les uns environnent à distance des îles ou même des archipels entiers (fig. 40) : ce sont les barrières de corail ; les autres, éloignés de toute terre, sont disposés en forme d'anneaux ou de croissants plus ou moins allongés autour de lagunes ou de baies : ce sont les *atolls* (fig. 41). Dans les parties de l'anneau où les constructions des polypes et des

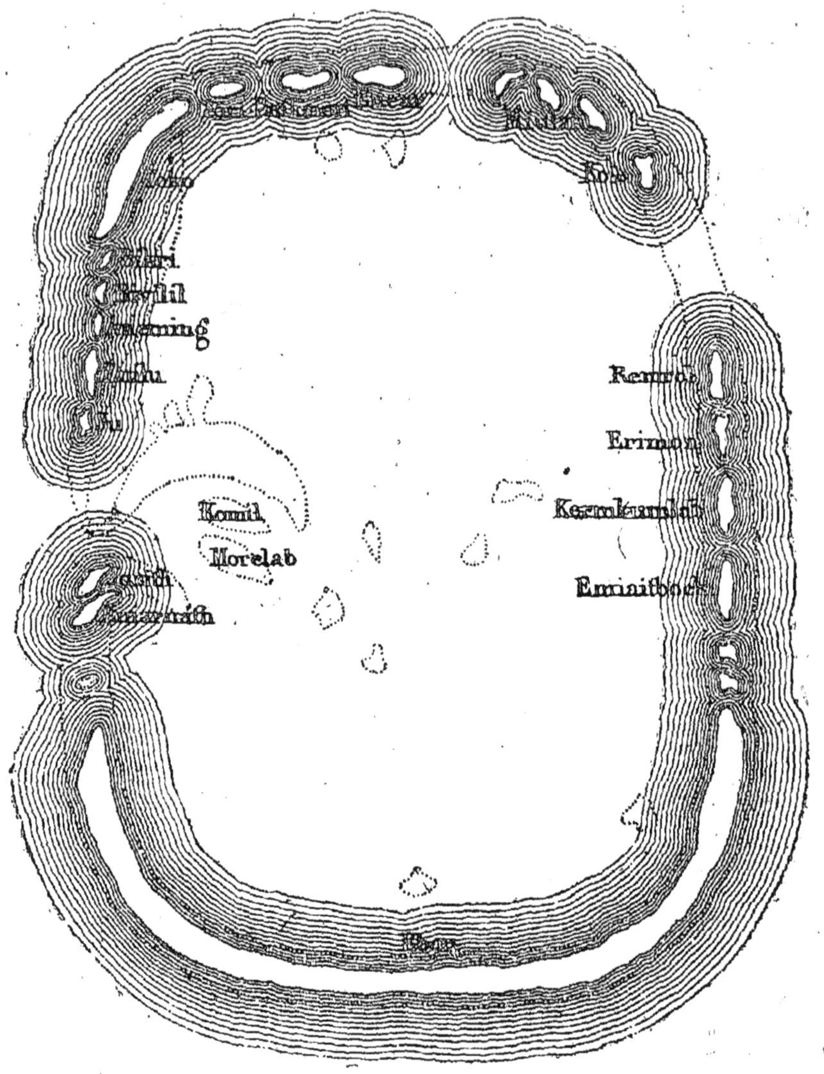

Fig. 41. — Atoll d'Ebon.

madrépores n ont pas encore atteint la surface, les flots qui passent au-dessus de la digue sous-marine se soulèvent en brisants d'écume; en d'autres endroits du récif, on voit poindre au-dessus de la vague des écueils d'une blancheur éblouissante ou d'un rose délicat, puis vient une rangée semi-circulaire d'îlots semblables à des pierres druidiques érigées en pleine mer par des géants; enfin, sur les terres émergées qui occupent la partie de l'atoll la plus exposée à la violence des lames et des vents, se balancent des cocotiers et d'autres arbres des tropiques, soit en simples groupes, soit en véritables bosquets. Telle est la forme la plus commune des récifs parmi les milliers d'atolls qui parsèment la mer du Sud. Lorsque les bancs de coraux ne sont pas encore achevés, leur position ne se révèle que par un cercle de brisants; ceux qui sont arrivés au dernier degré de leur développement forment un bois circulaire qui, vu de haut, semblerait une couronne de feuilles flottant sur les eaux bleues.

La forme de ces récifs ne peut s'expliquer que par des mouvements lents du sol. Lorsque les îles se sont élevées, elles sont entourées à diverses hauteurs d'anciennes plages de coraux. En revanche, le fond de l'Océan s'est incontestablement abaissé là où les murs de corail et de sable calcaire qui forment les parois extérieures de l'anneau plongent à de grandes profondeurs. En effet, les polypes constructeurs ne peuvent vivre et bâtir d'habitations au-dessous de 30 à 45 mètres de la surface. A mesure que s'enfonce le sol avec l'édifice de corail, ils montent, montent sans cesse pour se rapprocher de la lumière. Les îles montagneuses qu'ils entourent à distance de leurs récifs diminuent graduellement en hauteur et laissent entre elles et la barrière de coraux un canal de plus en plus large et profond. Le jour vient où, réduites à l'état d'îlots, elles se divisent en pitons isolés qui, l'un après l'autre, plongent et disparaissent dans la mer. Alors il ne reste plus qu'un atoll, enfermant entre ses parois grandissantes une lagune où les débris calcaires s'amassent lentement ; d'étroites plages et des récifs, pareils à des épaves flottant encore au-dessus d'un navire qui sombre, entourent l'espace où l'île s'est engloutie (fig. 42).

Lorsque l'affaissement de tout un archipel de

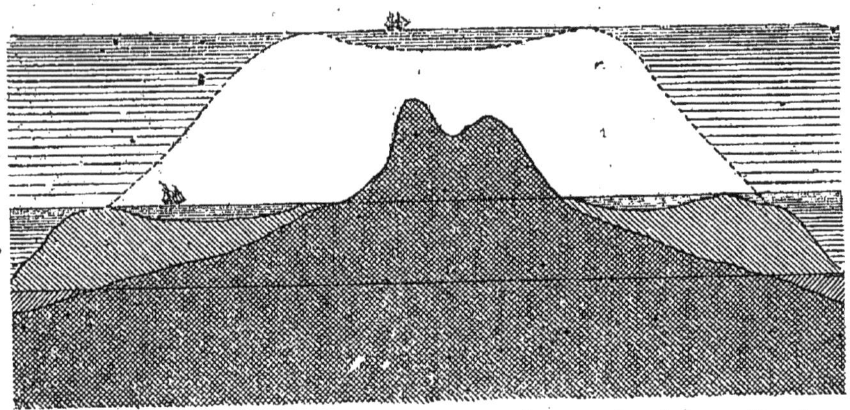

Fig. 42. — Croissance du corail sur une montagne qui s'abaisse ; d'après Darwin.

cimes sous-marines s'accomplit avec lenteur et régularité, il peut arriver souvent que la mer, frappant avec force sur la muraille extérieure des récifs, rompe cette barrière et se creuse un libre passage à travers la lagune centrale. Alors des bancs de coraux s'élèvent au milieu des brisants, des deux côtés du canal nouvellement formé, et l'atoll primitif se trouve ainsi partagé en deux îles annulaires. A mesure que le massif sous-marin s'abaisse, d'autres ruptures du même genre se produisent dans chacune des fractions isolées de l'ancien atoll, et l'archipel de récifs finit par se composer d'un nombre considérable d'îlots qui se fractionneront à leur tour. C'est ainsi que se forment ces groupes merveilleux de levées annulaires disposées elles-mêmes en un immense ovale. Les îles Maldives en sont de magnifiques exemples.

Grâce aux témoignages que fournissent les récifs de corail, et que d'autres indices complètent d'ailleurs sur un grand nombre de points, il est possible maintenant de fixer d'une manière assez précise les limites de chacune des aires d'oscillation qui se partagent l'hémisphère compris entre les côtes de l Amérique du Sud et celles de l'Afrique. Tandis que le groupe des Sandwich se soulève comme s'il obéissait encore aux forces qui font grandir le continent américain, on voit s'enfoncer peu à peu les archipels du bassin central de la mer du Sud, les îles Basses et celles de la Société, les rangées de Gilbert et de Marshall, les Carolines, en un mot toute la « voie lactée » d'îles, d'îlots et de récifs qui s'étend diagonalement à travers le Pacifique, sur une longueur de plus de 13,000 et une largeur moyenne de 2,000 kilomètres. A l'ouest de cette grande aire de dépression, deux fois et demie plus vaste que l'Europe, se renfle une vague de soulèvement qui comprend la Nouvelle-Zélande, les Nouvelles-Hébrides, les îles Salomon, les côtes septentrionales et occidentales de la Nouvelle-Guinée, et les terres nombreuses de l'archipel de la Sonde. Au delà s'étend une autre aire d'affaissement coïncidant avec l'Océan Indien et ses rivages. Tous les faits connus militent en faveur de l'hypothèse d'après laquelle le pourtour du globe offrirait, dans sa partie équatoriale, trois vagues de soulèvement séparées les unes des autres par trois dépressions intermédiaires. Les centres de chaque dépression tombent au milieu d'un océan; les trois régions exhaussées sont le grand archipel de la Sonde, et les masses énormes de l'Afrique et de l'Amérique du Sud.

Ces oscillations régulières ne peuvent s'accomplir qu'en vertu d'une loi générale. On ne saurait y voir, comme le voulait Berzélius, de simples accidents produits par des tassements de l'écorce terrestre. Ces puissantes oscillations ne doivent pas non plus être confondues avec les tremblements de terre, car elles s'en distinguent par leur excessive lenteur aussi bien que par leur caractère de généralité. D'ailleurs tous ces faits, quelle qu'en soit l'origine, sont déterminés directement ou indirectement par des causes affectant la masse entière de la planète. Si les tremblements de terre ont leurs marées, ainsi que le prouve la plus grande fréquence de ces phénomènes à l'époque des pleines et des nouvelles lunes, on ne saurait douter que les oscillations lentes de l'enveloppe terrestre aient aussi leurs cycles réguliers; seulement la raison de ces marées séculaires reste encore inconnue. Faut-il la chercher dans quelque changement des conditions physiques du globe ou bien dans les révolutions de quelque période astronomique?

Un jour, lorsque les savants auront observé d'un pôle à l'autre toutes les lignes de niveau, tous les débris que la mer a laissés, comme autant de mesures de précision, sur le littoral des terres et sur les flancs des montagnes, on pourra dire exactement quelles sont les dimensions de chaque vague de soulèvement et quelle force d'impulsion les anime. On saura si les régions exhaussées égalent toujours en étendue les régions qui s'affaissent, si la surface de la terre, semblable à celle de tous les corps vibrants, offre certaines lignes « nodales » autour desquelles les parties agitées se disposent en figures rhythmiques, si les continents et les mers, soulevés et déprimés tour à tour comme par une marée séculaire, se déplacent lentement autour de la planète en affectant des formes harmoniques.

Quoi qu'il en soit, il demeure incontestable qu'un mouvement incessant fait onduler l'écorce dite rigide de notre globe. Les masses continentales s'élèvent pendant une longue série de siècles, puis elles s'abaissent de nouveau pour s'exhausser encore avec de lentes et majestueuses oscillations, comparables au va-et-vient d'un balancier. La Scandinavie, qui s'élève actuellement, s'abaissait pendant la période glaciaire, et les populations qui, dès cette époque, y faisaient leur demeure, étaient forcées d'abandonner pas à pas les vallées transformées en golfes. De même les Andes chiliennes et les montagnes de la Nouvelle-Zélande, aujourd'hui grandissantes, se sont abaissées par degrés avant de s'exhausser comme elles font aujourd'hui. Il est également prouvé que, sur un grand nombre d'autres points, au Pérou, en Égypte, dans l'Amérique du Nord, au Groënland, des changements de même nature ont eu lieu pendant l'ère géologique actuelle et sans qu'aucune révolution violente ait bouleversé la terre. Les continents s'élèvent et s'abaissent comme par une respiration lente; ils se meuvent en longues ondulations comparables aux vagues de la mer.

Tout change, tout est mobile dans l'univers, car le

mouvement est la condition même de la vie. Jadis les hommes, que l'isolement, la haine et la peur laissaient dans leur propre ignorance native et remplissaient du sentiment de leur propre faiblesse, ne voyaient autour d'eux que l'immuable et l'éternel. Pour eux, le ciel était une voûte solide, un *firmament* sur lequel étaient clouées les étoiles ; la terre était l'inébranlable fondement des cieux, et rien, si ce n'est un miracle, ne pouvait en faire osciller la surface ; mais depuis que la civilisation a rattaché les peuples aux peuples dans une même humanité, depuis que l'histoire a renoué les siècles aux siècles, que l'astronomie, la géologie, ont fait plonger le regard jusqu'à des milliards d'années en arrière, l'homme a cessé d'être isolé et pour ainsi dire d'être mortel ; il est devenu la conscience de l'impérissable univers. Ne rapportant plus la vie des astres ni celle de la terre à sa propre existence, si rapide, si fugitive, mais la comparant à la durée de sa race entière et à celle de tous les êtres qui ont vécu avant lui, il a vu la voûte céleste se résoudre en un espace infini et la terre se transformer en un petit globe tournoyant au milieu de la voie lactée. Le sol ferme qu'il foule aux pieds et qu'il croyait immuable s'anime et s'agite ; les montagnes se redressent ou s'affaissent ; non-seulement les vents et les courants océaniques circulent autour de la planète, mais les continents eux-mêmes, se déplaçant avec leurs sommets et leurs vallées, se mettent à cheminer sur la rondeur du globe. Plus n'est besoin pour expliquer tous ces phénomènes géologiques, d'imaginer des changements de l'axe terrestre, des ruptures de la croûte solide, des effondrements gigantesques. Ce n'est point ainsi que la nature procède d'ordinaire ; elle est plus calme, plus régulière dans ses œuvres, et, contenant sa force, elle opère les changements les plus grandioses à l'insu des êtres qu'elle nourrit. Elle soulève les montagnes et dessèche les mers sans déranger le vol des moucherons : telle révolution qui semble avoir été produite comme par un coup de foudre a mis peut-être des milliers de siècles à s'accomplir ; c'est que le temps appartient à la terre ; elle renouvelle chaque année, sans se hâter, sa parure de feuilles et de fleurs ; de même elle rajeunit pendant le cours des âges ses mers et ses continents et les promène lentement à sa surface.

FIN.

TABLE DES MATIÈRES

LES CONTINENTS

CHAPITRE I. — LA FORME DE LA PLANÈTE.

CHAPITRE II. — LES PLAINES, LES PLATEAUX ET LES MONTAGNES.

CHAPITRE III. — LA CIRCULATION DES EAUX.

CHAPITRE IV. — LES MOUVEMENTS DU SOL.

FIN DE LA TABLE DES MATIÈRES.

TABLE DES CARTES ET FIGURES

INSÉRÉES DANS LE TEXTE

FIN DE LA TABLE DES GRAVURES.

Coulommiers. — Typographie Paul BRODARD.

www.ingramcontent.com/pod-product-compliance
Ingram Content Group UK Ltd.
Pitfield, Milton Keynes, MK11 3LW, UK
UKHW012026240726
13965UKWH00002B/607

9 782013 478267